Gabriele Henning

Endlich frei von Schmerzen

MIDENA

Gabriele Henning

Endlich frei von Schmerzen

Akute und chronische Schmerzen:
Von Kopfschmerzen bis Neuralgien

MIDENA

Inhalt

Persönliche Probleme und innere Konflikte sind mitverantwortlich für Schmerzen. Oftmals kommt diese Erkenntnis zu spät.

Wenn Sie sich aktiv mit dem Schmerz auseinandersetzen, gewinnen Sie Ihre Lebensfreude wieder.

Zur Schmerzbehandlung gehören nicht nur Medikamente. Wichtig ist vor allem, dass Arzt und Patient gemeinsam nach Lösungen suchen und nicht nur ihr Heil in der Anwendung von stark wirkenden Schmerzmitteln suchen.

Hinter dem Begriff Rheuma verstecken sich heutzutage rund 450 verschiedene Krankheiten, die verschleißbedingte, entzündliche und psychosomatische Ursachen haben.

Wenn Sie dringend Rat benötigen: Es gibt in Deutschland zahlreiche Verbände und Medizinische Gesellschaften, die Ihnen bestimmt helfen können.

Mit heilenden Pflanzen, wie der Minze, können Sie manchem Schmerz ein Schnippchen schlagen. Doch Vorsicht: Ernsthafte Krankheiten lassen sich damit auch nicht heilen.

Vorwort

Schmerzen alarmieren uns in allen Lebenslagen und zu jeder Zeit und machen uns auf körperliche Probleme aufmerksam.

Schmerzen begleiten unser Leben – sie sind unangenehm und lebensnotwendig zugleich! Es gibt nur sehr wenige Menschen, die nicht wissen, was Schmerzen sind. Ihnen fehlt das natürliche Schmerzempfinden, sie leiden unter einer Krankheit, die man Analgesie nennt. Ohne Schmerzempfinden sind wir großen Gefahren ausgesetzt. Das mag sich widersprüchlich anhören, ist es aber keineswegs. Schmerzen sind als Schutzschild des Menschen äußerst wichtig. Sie sind Notsignale des Körpers, durch die er uns vor Gefahren warnen und vor größeren Schäden schützen will; sie machen uns auf Störungen im Körper aufmerksam. Schmerzfreiheit ist also nicht gleichbedeutend mit Gesundheit, Schmerzempfindung nicht gleichbedeutend mit Krankheit. Stoßen wir uns beispielsweise durch Unachtsamkeit an einer spitzen Kante, werden wir automatisch beim nächsten Mal genau an dieser Stelle aufpassen und langsamer gehen oder einen Sicherheitsabstand einhalten. Der Schmerz kann ein Freund sein, aber er kann auch zu einer unerträglichen Last werden. In erster Linie will er uns jedoch warnen, und wir sollten unbedingt auf ihn hören.

Auf Warnsignale hören

Für Kinder ist es zum Beispiel ein wichtiger Lernprozess, einmal auf die heiße Herdplatte oder in eine Kerzenflamme zu fassen, um zu erfahren, was »heiß« bedeutet. Damit schützt sie dieser »Warnschmerz« vor größerem Schaden. Er signalisiert aber auch: »Es ist genug!« So schmerzen, wie jeder weiß, nach langen Fußmärschen die Füße. Damit »äußern« sie den Wunsch, eine Pause einzulegen, um dem strapazierten Körperteil eine Erholungsphase zu gönnen.

Sprichwörtlich und im übertragenen Sinne heißt es oft: »Der Schuh drückt«. Dabei sind gar nicht die Füße betroffen, sondern die Seele. Denn nicht nur unsere Körperteile und die meisten Organe können über die Reizleitung der Nerven signalisieren, dass etwas nicht in Ordnung ist. Auch die Seele ist in der Lage, sich zu melden, wenn sie leidet. Über komplizierte Mechanismen im Körper können Schmerzen ausgelöst werden, die weder eine organische Ursache haben noch durch äußere Einflüsse entstehen. Durch diese psychosomatischen Beschwerden sendet uns die Seele ihre Warnsignale.
Wer kennt nicht die Kopfschmerzen, die immer dann auftreten, wenn es zu hektisch wird? Auch Müdigkeit und Erschöpfung gehen oft mit Kopfschmerzen einher. Dahinter steht der einfache Wunsch des Körpers: »Gönne mir Ruhe!« z.B.

Oftmals liegen unter der Oberfläche des Schmerzes keine rein körperlichen sondern auch seelische Probleme.

Schmerzen haben ihre eigene Sprache

Die Art, in der Patienten ihrem Arzt gegenüber beispielsweise Rückenschmerzen schildern, macht schon in vielen Fällen deutlich, dass nicht unbedingt die Bandscheibe verschlissen sein muss, sondern eine seelische Last die Beschwerden verursacht. Das Gefühl, »zu viel am Hals« zu haben, kennt wohl jeder. Und wen wundert es dann, wenn der Nacken schmerzt und Verspannungen an der Tagesordnung sind? Mit der Zeit kann sogar wirklich alles wehtun und es kann sich ein erhebliches Krankheitsgefühl einstellen. Der Schmerz warnt uns, wenn die Belastungen des Alltags zu stark werden, uns einengen, oder wenn Sorgen ständig unser Leben überschatten. Typischerweise sind diese Schmerzen am Morgen besonders ausgeprägt. Dennoch sollten Sie versuchen, Ihren normalen Tagesablauf beizubehalten! Machen Sie sich zur Lebensregel: Lassen Sie sich von Ihrem Schmerz nicht beherrschen – aber nehmen Sie Ihre Schmerzen ernst!

Gabriele Henning, Frühjahr 1998

Schmerz hat viele Gesichter

Schmerzen können physische oder psychische Ursachen haben.

Schmerzen zählen zu den häufigsten Begleitsymptomen der verschiedensten Erkrankungen. Sie treten nach Operationen oder Verletzungen auf oder bei manchen Menschen sogar, wenn ein Wetterwechsel zu erwarten ist. Manchmal sind Schmerzen aber auch da, ohne dass eine konkrete Ursache auszumachen ist. Schmerz kann viele Ursachen haben, entsprechend vielfältig sind auch die Ansätze zu seiner Behandlung.

Dem Schmerz auf der Spur

In den folgenden Kapiteln finden Sie wahrscheinlich auch »Ihren« Schmerz wieder. Vielleicht gelingt es Ihnen, sich ein wenig mit ihm anzufreunden. Fragen Sie ihn doch einmal, was er von Ihnen möchte! Versuchen Sie, in einen inneren Dialog mit ihm zu treten! Wenn Sie und er bereit sind, miteinander zu sprechen, dann gibt es sicher eine Annäherung.

Wenn die Seele leidet

Ein »Gespräch« mit dem Schmerz kann Ihnen zeigen, wie Sie mit dem Problem fertig werden können.

Es soll keineswegs der Eindruck entstehen, dass psychosomatische Schmerzen, also Beschwerden ohne erkennbare organische Ursache, nicht ernst genommen werden. Es besteht kein Zweifel darüber, dass körperliche Schmerzen aufgrund seelischer Probleme wirklich existieren. Verharmlosen Sie diese Schmerzzustände auf keinen Fall, setzen Sie sich damit auseinander und suchen Sie nach Lösungen! Die moderne Medizin beschäftigt sich heute sehr intensiv mit psychosomati-

schen Störungen und Schmerzzuständen. Auch wenn die Ursachen im Verborgenen liegen, gibt es verschiedene Möglichkeiten, sie aufzuspüren.
Es ist sinnvoll, zunächst nach organischen Ursachen zu forschen. Wenn der Grund für die Schmerzen hier nicht gefunden werden kann, liegt der Gedanke an eine seelische Ursache nahe. Nicht selten sind es Konflikte im Leben, die sich als Schmerz verfestigen. Vordergründig ist hier ein Zusammenhang meist gar nicht erkennbar. Fast unglaublich erscheint es oft, dass seelische Probleme derart starke Schmerzen auslösen können. Gelingt es aber, den Konflikt zu lösen, kann damit auch der Schmerz erfolgreich bewältigt werden.

Zahlreiche Schmerzzustände spielen sich im Gefühlsbereich ab, ohne dass unmittelbare körperliche Auswirkungen spürbar sind, z. B. innere Unruhe, Angst, Nervosität, Gereiztheit oder Apathie.

Akute und chronische Schmerzen

Schwere Erkrankungen wie Rheuma, Krebs, Erkrankungen des Knochengerüstes (z. B. Osteoporose), Operationen, Verletzungen usw. können erhebliche Schmerzen verursachen. Hier steht die medikamentöse Unterstützung im Vordergrund, um die Schmerzen zu blockieren und dem Betroffenen auf diese

Lassen Sie sich bei der Wahl eines Schmerzmittels eingehend von Ihrem Arzt oder Apotheker beraten.

Weise ein möglichst schmerzfreies Leben zu ermöglichen. Die Erhaltung der Lebensqualität spielt dabei die entscheidende Rolle. Akute Schmerzzustände durch Verletzungen oder Erkrankungen werden meistens auch seelisch gut verkraftet. Sie kennen in diesem Fall die Ursache und mit dem Heilungsprozess verschwindet auch die Angst wieder, die jede Erkrankung und jeder Schmerz mit sich bringt.

Schmerzen beeinträchtigen den Alltag

Chronische Schmerzen beeinträchtigen dagegen das gesamte Leben. Was immer Sie denken, tun, planen oder erleben, immer ist der Schmerz da, der bremst und vieles unmöglich erscheinen lässt. Das Zermürbende an diesen chronischen Schmerzen ist das Gefühl, ihnen ausgeliefert zu sein. Das Ende des Leidens ist nicht abzusehen und wahrscheinlich haben Sie auch schon eine ganze Reihe von Arztbesuchen und Behandlungsversuchen hinter sich. Es ist mehr als verständlich, wenn Sie wegen Ihrer Schmerzen niedergeschlagen und manchmal mutlos sind. Aber Sie dürfen nicht die Hoffnung aufgeben und sich keinesfalls von Ihren Schmerzen ins Abseits drängen lassen! Die Schmerzen dürfen nicht der Mittelpunkt des Lebens sein. Sie gefährden damit vielleicht Ihre persönlichen Kontakte und Ihren Arbeitsplatz. Und die Angst, die dadurch entsteht, verstärkt wiederum die Schmerzen.

Geben Sie die Hoffnung nicht auf und bekämpfen Sie den Schmerz! Sie stehen im Mittelpunkt des Lebens und nicht Ihr Schmerz.

Das Wetter schlägt um

Als jüngerer Mensch neigt man leicht dazu, die Älteren zu belächeln, wenn von Wetterfühligkeit die Rede ist: »Die Knie sind wieder steif, ich komme nicht hoch, sicher gibt es wieder Regen.« Doch es ist keine Einbildung, wenn sich bei angekündigtem Wetterwechsel schon einige Tage vorher Beschwerden einstellen. Der Luftdruck ändert sich, nimmt zu oder ab, und beeinflusst so die Blutgefäße und Nerven. Ein gesunder Orga-

Wetteränderungen können nachweislich Auslöser von Schmerzen und Befindlichkeitsstörungen sein.

nismus kommt im Allgemeinen gut mit dem Wetterwechsel zurecht. Er kann sich problemlos anpassen. Dennoch können Temperaturstürze, das Herannahen eines Tiefdruckgebietes u.Ä. bei empfindlicheren Menschen Befindlichkeitsstörungen und auch Schmerzen auslösen. Kopf-, Glieder- und Gelenkschmerzen sind in diesem Zusammenhang die häufigsten Erscheinungen. Auch an Müdigkeit und Abgeschlagenheit kann das Wetter schuld sein. Nicht zuletzt beeinflusst es oft die Stimmung. Durch schlechte Laune und depressive Stimmung werden jedoch wiederum die Schmerzen begünstigt – ein wahrer Teufelskreis!

Im bayerischen Voralpenland klagen an manchen Tagen sehr viele Menschen über heftige Kopfschmerzen. Ihnen macht der Föhn zu schaffen, ein warmer, trockener Fallwind, der über die Alpen kommt.

Das Wetter ist kein Schicksal

Aus medizinischer Sicht ist mittlerweile unbestritten, dass Klima und Wetter bei vielen Menschen den Blutdruck und die Gehirndurchblutung beeinflussen. Änderungen des Luftdrucks können leicht zu Kopfschmerzen und verstärktem Druckempfinden führen. Auch das Herz reagiert auf die Wetterlage und kann bei manchen Menschen sogar etwas aus dem Rhythmus

SCHMERZEN UNBEKANNTER HERKUNFT

Schmerzzustände, deren Herkunft unbekannt ist, können in ihrer Ursache nicht bekämpft werden. Man kennt heute aber eine Reihe äußerst wirksamer Methoden, auch mit diesem Problem fertig zu werden. Sie sollten mit Ihrem Arzt über dieses Thema sehr offen sprechen und ihm sagen, dass Sie einen Weg finden möchten, mit den Schmerzen leben zu können.

Viele Menschen spüren schon die leichtesten Unterschiede des Luftdrucks durch Operationsnarben oder amputierte Gliedmaßen.

kommen. Auch unser Hormonhaushalt ist wetterabhängig, ebenswo das gesamte Immunsystem. Menschen, die große Operationsnarben haben oder denen Gliedmaßen amputiert wurden, reagieren ebenfalls sehr empfindlich auf Luftdruckänderungen.

Vermehrt kommen im Herbst und Winter Menschen mit Magenbeschwerden zum Arzt. Der Magen produziert nämlich in dieser Jahreszeit mehr Säure und verursacht so äußerst unangenehme Beschwerden.

Wetterabhängige Schmerzen oder Beschwerden sind kein Schicksal, dem Sie schutzlos ausgeliefert sind. Im Gegenteil, es sind Beschwerden, die sich recht gut behandeln lassen. Starke Schmerzmedikamente sind dabei aber kaum erforderlich. Sie werden in den einzelnen Kapiteln eine Reihe von Möglichkeiten finden, mit denen Sie sich sehr gut selbst helfen können.

Das Bild Ihrer Schmerzen

Grundlage einer erfolgreichen Behandlung ist die möglichst genaue Beschreibung Ihrer Schmerzen. Folgender Fragekatalog soll Ihnen dabei helfen:

- Inwieweit werden Sie von Ihren Schmerzen beeinträchtigt, an welchen Beschäftigungen und Tätigkeiten werden Sie dadurch gehindert?

- Sind Sie aufgrund Ihrer Schmerzen in einer bedrückten Stimmung, lustlos, mürrisch und unzufrieden?
- Wann sind die Schmerzen am stärksten, wann erscheinen sie milder?
- Gibt es auch Zeiten, in denen Sie gar keine Schmerzen haben?
- Wissen Sie noch, wann die Schmerzen überhaupt begonnen haben? Können Sie sich an einen genauen Zeitpunkt erinnern?

Versuchen Sie, Ihre Beschwerden möglichst genau zu beschreiben und zu definieren. Nur so kann Ihr Arzt eine korrekte Diagnose stellen und weitere Behandlungsschritte einleiten.

Detailinformationen für eine erfolgreiche Behandlung

Je mehr Informationen Sie für sich selbst zusammentragen und Ihrem Arzt geben können, desto besser sind die Chancen einer erfolgreichen Behandlung. Seien Sie auf jeden Fall ehrlich zu sich und zu denjenigen, die Ihnen helfen möchten! Die Chancen, schneller ans Ziel zu kommen und neue Lebensfreude zu gewinnen, sind damit viel größer und Sie ersparen sich wahrscheinlich viele unnötige Untersuchungen, erfolglose Behandlungsversuche, Zeit und Geld.

Durch die erfolgreiche Behandlung Ihrer Schmerzzustände gewinnen Sie neue Lebensfreude.

Schmerz – Diagnose und Behandlung

Die Diagnose durch den Arzt stellt die Grundlage für die Behandlung dar, doch die Mithilfe des Patienten darf keinesfalls unterschätzt werden.

Grundlage einer jeden Schmerzbehandlung ist eine exakte Diagnose. Um den Ursachen des Schmerzes auf die Spur zu kommen, ist eine gründliche Untersuchung des Betroffenen notwendig, außerdem braucht der Arzt möglichst viele Informationen über die Beschwerden. Lokalisation, Dauer, Verlauf und Intensität des Schmerzes, Begleitsymptome und bisherige Therapien sind nur einige der Dinge, die der Arzt wissen muss. Die Behandlung der Schmerzen liegt folglich nicht nur in der Hand des Mediziners, auch Ihr Einsatz und Ihre Mithilfe sind gefragt.

Schmerzen machen mürbe

Dies gilt insbesondere für den chronischen Schmerz, mit dem viele Menschen aufgrund unterschiedlichster Leiden leben müssen. Je nach Ausprägung oder Intensität kann es zwar sein, dass Sie sich an die Schmerzen »gewöhnt« haben, mit Sicherheit ist diese jahrelange Schmerzbelastung jedoch nicht ohne Einfluss auf Ihr Leben geblieben. Ihre Gewohnheiten, Ihr Verhalten, Ihre Freundschaften, Ihre Arbeit und Ihre Freizeit haben sich – verständlicherweise – geändert. Wer kann schließlich immer gut gelaunt sein, wenn Schmerzen das Leben bestimmen? Wer kann konzentriert arbeiten, wenn Schmerzen vom ganzen Körper Besitz ergreifen? Wer sucht schon Geselligkeit und Zerstreuung, wenn die Schmerzbewältigung zur Tagesaufgabe geworden ist? Verständnis finden Sie für andauernde Schmerzzustände wahrscheinlich nur wenig und Klagen hilft nicht viel, sondern verschlimmert eher noch die Schmerzen. Halten Sie sich vor Augen, dass Sie mit Ihren Schmerzen nicht allein stehen. Es gibt sehr viele Menschen, die ähnliche Probleme haben. Nicht umsonst gibt es heute Schmerzambulanzen, -therapeuten, Selbsthilfegruppen, spezialisierte Krankenhäuser und andere Einrichtungen (siehe Seite 122ff.), die sich um Menschen kümmern, deren Leben durch Schmerzen beeinträchtigt wird. Auf jeden Fall finden Sie dort Verständnis für Ihre Situation und Ärzte sowie Pflegepersonal werden alles tun, um Ihnen zu helfen. Sie werden sicherlich dort auch Menschen treffen, mit denen Sie sich austauschen können. Vielfach sind kleine Tipps und Erfahrungen von Leidensgenossen äußerst hilfreich.

Helfen Sie Ihrem Arzt bei der Detektivarbeit. Fragen Sie sich, ob das Störfeld vielleicht im seelischen Bereich liegt.

Lassen Sie nichts unversucht

Ziehen Sie sich nicht zurück, um still »vor sich hin« zu leiden. Lassen Sie nichts unversucht, um Ihre Schmerzen in den Griff zu bekommen. Wenn Sie spüren, dass Sie mit den Schmerzen allein nicht fertig werden, wenn sich durch die ständige Belastung Ihr Lebensrhythmus und Ihr Umfeld verändern, dann suchen Sie unbedingt Rat und Hilfe. Versuchen Sie, die Ursache Ihrer Schmerzen aufzuspüren. Das ist zwar nicht immer möglich, trotzdem müssen bestimmte Erkrankungen, die ein ähnliches Schmerzbild hervorrufen, durch medizinische Untersuchungsmethoden ausgeschlossen werden. Dabei kann Ihnen Ihr Arzt helfen. Auch wenn die Schmerzen keine erkennbare organische Ursache haben, gibt es Möglichkeiten, gegen sie anzugehen.

Ziehen Sie sich nicht zurück. Anstatt passiv zu leiden, sollten Sie Ihren Schmerzen aktiv entgegen treten.

Chronische Schmerzen sind in der Regel trotz aller Bemühungen nicht völlig heilbar. Es kann jedoch eine deutliche Besserung erzielt werden.

Bewahren Sie sich Lebensfreude

Anhaltende Schmerzen provozieren häufig problematische Situationen und Konflikte. Ihre schlechte Stimmung führt zu Missverständnissen und Ärger. Das bedrückt und belastet Sie und schon wird der Schmerz wieder begünstigt. Dieser Teufelskreis entsteht recht schnell. Lassen Sie ihn nicht zu oder ab jetzt nicht mehr zu! Versuchen Sie, sich trotz Schmerzen über kleine Dinge zu freuen. Lächeln Sie, wann immer es möglich ist. Sie werden merken, es geht Ihnen ein ganz kleines bisschen besser – zumindest so viel besser, dass Sie die Kraft haben, gegen Ihre Schmerzen aktiv zu werden.

Schmerzuntersuchung, Schmerzdiagnostik

Eine spezielle Schmerzdiagnostik gibt es genau genommen nicht. Schmerz ist nicht messbar, sondern ein individuelles Sinnes- und Gefühlserlebnis.

Die Schmerzuntersuchung muss sich deshalb an dem Erscheinungsbild orientieren, das Sie Ihrem Arzt geben. Dieser wird zunächst an der Stelle nach Erkrankungen forschen, an der Sie selbst Ihren Schmerz spüren. Wird er dort nicht fündig, sucht er nach weiteren Ursachen.

Das Schmerzprofil

Um seine Untersuchung möglichst gezielt durchführen zu können, wird Ihr Arzt Ihnen eine Menge Fragen stellen. Wahrscheinlich wird er Ihnen auch einen Fragebogen geben und Sie bitten, diesen auszufüllen.

Aus vielen Mosaiksteinen wird sich dann ein Bild zusammensetzen. Auf diese Weise kann Ihr Arzt herausfinden, um welche Art von Schmerzen es sich handelt, wodurch sie verursacht werden, warum sie entstanden sind, wodurch sie begünstigt werden und auch, wie sie behandelt werden können.

Schmerztagebuch und -skala

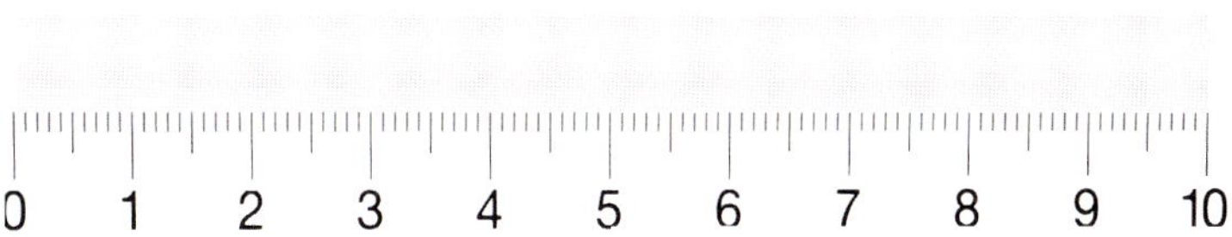

		morgens	mittags	abends	nachts
Datum		14.1.98			
Uhrzeit		7.00	12.00	20.00	23.00
Medikamenteneinnahme					
Präparat	Dosierung				
Schmerzmittel	2x1 Tabl.	1		1	
Abführmittel	3x1 Eßl.	1	1	1	
Herzmittel	3x1 Tabl.	1	1	1	
Schmerzstärke		1	3	2	1

Sonstiges Befinden	Stuhlgang	Schlaf	Wohlbefinden
	ja ☒ nein ❑	ja ☒ nein ❑	ja ❑ nein ☒
Bemerkungen	Kann wieder schlafen		

		morgens	mittags	abends	nachts
Datum					
Uhrzeit					
Medikamenteneinnahme					
Präparat	Dosierung				
Schmerzstärke					

Sonstiges Befinden	Stuhlgang	Schlaf	Wohlbefinden
	ja ❑ nein ❑	ja ❑ nein ❑	ja ❑ nein ❑
Bemerkungen			

Das Schmerztagebuch soll für Sie und Ihren Arzt als Hilfe dienen. Die Schmerzskala – am Anfang der Seite – hilft Ihnen, die Stärke des Schmerzes einzugrenzen: Ein leichtes Stechen wird beispielsweise in einer Größenordnung von 0 bis 3 einzustufen sein, schlimmere Schmerzen entsprechend höher. Tragen Sie die Daten, die Sie ermitteln, in den unteren Abschnitt des Tagebuches ein. Aus Ihren Aufzeichnungen kann der Arzt ersehen, inwieweit Sie Fortschritte machen oder nicht.

WORÜBER IHR ARZT BESCHEID WISSEN MUSS

An welcher Stelle Ihres Körpers sind die Schmerzen am stärksten? ______________________________

____

Wohin strahlen sie noch aus? ______________________________

Wie weit reicht diese Ausstrahlung? ______________________________

Sind mehrere Körperteile betroffen? ja ❑ nein ❑

Springen die Schmerzen zwischen verschiedenen Körperteilen? ja ❑ nein ❑

Wann treten die Schmerzen auf? Am Tag oder in der Nacht? Tag ❑ Nacht ❑

Wie häufig treten sie auf (pro Woche, pro Monat, pro Jahr?) ______________________________

Wenn die Schmerzen auftreten, wie lange dauern sie an? ______________________________

Sind die Schmerzen ständig spürbar? ja ❑ nein ❑

Wie hat der Schmerz begonnen? Irgenwann ganz plötzlich oder schleichend immer stärker werdend? ______________________________

Erscheinen die Schmerzen unterschiedlich? Einmal stärker und einmal schwächer? ja ❑ nein ❑

Wie fühlen sich die Schmerzen an? Unerträglich, stechend, einschießend, pochend-pulsierend, brennend, quälend, kribbelnd? ______________________________

Wie intensiv ist Ihr Schmerz? Hierzu gibt es eine Schmerzskala (siehe Seite 19). Sie können Ihre Schmerzen aber auch anhand von anderen Beispielen genau schildern. ______________________________

Welche zusätzlichen Beschwerden haben Sie neben den Schmerzen? (Lähmungserscheinungen, Konzentrationsschwierigkeiten, Übelkeit, Erbrechen, Licht- und Lärmempfindlichkeit, Schwellungen, Kraftverlust, Gefühllosigkeit, Schlafstörungen, Appetitlosigkeit, Verdauungsstörungen u. Ä.) ______________________________

Welche Medikamente nehmen Sie zur Zeit? ______________________________

WORÜBER IHR ARZT BESCHEID WISSEN MUSS

Welche Medikamente haben Sie bis vor kurzem eingenommen?

____

Vermeiden Sie, sich zu bewegen, wenn Sie Schmerzen haben? ja ❑ nein ❑

Vermeiden Sie das Schlucken, Essen, Trinken oder Sprechen? ja ❑ nein ❑

Möchten Sie am liebsten allein sein und sich im dunklen Zimmer ins Bett legen? ja ❑ nein ❑

Sind Sie eher unruhig und rastlos? ja ❑ nein ❑

Haben Sie das Bedürfnis, sich zu schonen und nicht zu überfordern? ja ❑ nein ❑

Gehen oder sitzen Sie gekrümmt, wenn Sie Schmerzen haben? ja ❑ nein ❑

Welche Behandlungen haben Sie bisher schon ausprobiert? Beschreiben Sie hierbei wirklich alles, was Sie bisher versucht haben. ____

____

Waren Sie wegen Ihrer Schmerzen schon ein- oder mehrmals im Krankenhaus? ja ❑ nein ❑

Was hat Ihnen geholfen und was gar nicht? ____

____

Wie sieht Ihre persönliche Lebenssituation aus? ____

____

Gibt es bestimmte Ereignisse in Ihrem Leben, die mit dem Auftreten des Schmerzes in Verbindung stehen könnten (Unfälle, Krisen, Verluste usw.)? ja ❑ nein ❑ ____

____

Die Ausbildung der Ärzte auf dem Gebiet der Schmerztherapie war bisher nicht ausreichend, doch immer mehr Mediziner erkennen die Notwendigkeit derartiger Behandlungsmethoden.

Nach vielen Fragen wird Ihr Arzt auch eine körperliche Untersuchung durchführen und eine Reihe von Laboruntersuchungen veranlassen, um dem Grund Ihrer Schmerzen auf die Spur zu kommen. Eventuell wird er auch Untersuchungen mit den so genannten bildgebenden Verfahren (z. B. Röntgen, Ultraschall) durchführen, sofern der Verdacht auf Erkrankungen besteht, die auf diese Weise bestätigt oder ausgeschlossen werden können.

Spezielle Schmerzbehandlung

Die Therapie chronischer Schmerzen ist heute für Ärzte ein zusätzliches Fachgebiet geworden. Noch bis vor kurzer Zeit war eine medikamentöse Langzeitbehandlung chronischer Schmerzen zumindest in Deutschland weniger üblich. Grund dafür war und ist zum Teil die nicht ausreichende Ausbildung der Ärzte hinsichtlich der Möglichkeiten moderner Medikamente und alternativer Schmerztherapien.
Viele Ärzte haben die Notwendigkeit der Behandlung erkannt und auch die vorhandenen Möglichkeiten kennen gelernt. Die Befürchtungen, dass durch eine medikamentöse Schmerztherapie gleichzeitig eine Abhängigkeit entstehen kann, sind nach den neuesten Erkenntnissen unbegründet. Sie rechtfertigen auf jeden Fall nicht, die Schmerzen unbehandelt zu lassen. Schätzungen zufolge werden rund 2,5 Millionen Schmerzpatienten noch nicht ausreichend therapiert. Die Schmerzbehandlung soll deshalb in Zukunft grundsätzlich verbessert und zum Nutzen der Patienten geregelt werden.

Rundumbetreuung in Schmerzambulanzen

Natürlich müssen Sie sich darüber im Klaren sein, dass starke Medikamente auch Nebenwirkungen haben. Vertrauen Sie aber Ihrem Arzt und lassen Sie sich den Nutzen und die Risiken der Schmerzbehandlung erklären! Einige Ärzte sind bereits darauf spezialisiert. Es gibt aber auch Schmerzambulanzen in Kliniken. Erkundigen Sie sich in Ihrer Stadt danach. Einige Adressen finden Sie auch im Adressteil dieses Buches (siehe Seite 122ff.). In diesen Schmerzambulanzen finden Sie nicht nur körperliche, sondern auch seelische Betreuung. Erfahrene Therapeuten werden Ihnen helfen, sich besser entspannen zu können und wieder mehr Freude am Leben finden.

Auch frei verkäufliche Medikamente sind nicht zum Dauergebrauch geeignet, weil sie dann sehr belastende Nebenwirkungen haben können. Die Einnahme über einen längeren Zeitraum muss vom Arzt kontrolliert und überwacht werden.

Schmerzmittel zur Linderung

Können Sie sich eigentlich vorstellen, wie es war, als die Menschen noch bis vor gar nicht langer Zeit nahezu ohne Schmerzmittel auskommen mussten? Denken Sie allein an die Möglichkeiten der modernen Narkosemedizin. Ohne sie wären die meisten Operationen überhaupt nicht möglich. Das Leben ist uns heute in vielen Situationen durch Schmerzmittel erleichtert worden. Die moderne Schmerztherapie ist in der Tat eine große Errungenschaft der Medizin und sehr viele Menschen profitieren heute davon. Insbesondere in den letzten

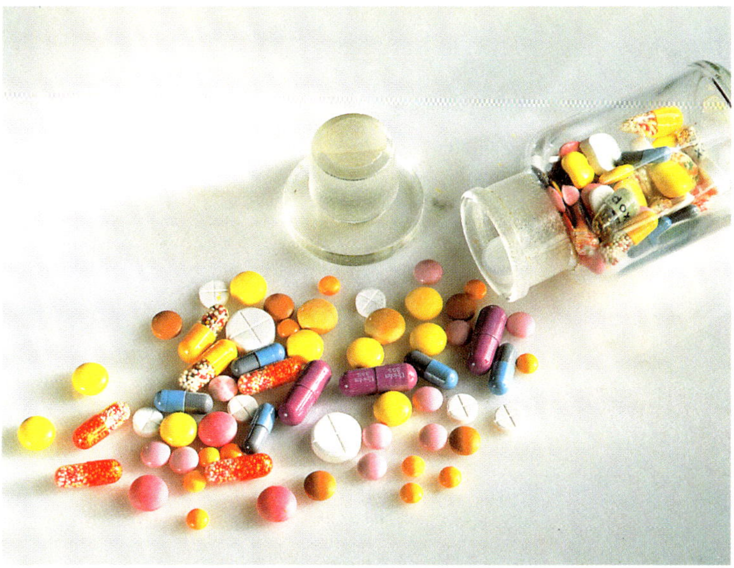

Ob Tabletten, Dragees, Zäpfchen o. Ä., Schmerzmittel sind in vielerlei Formen erhältlich.

FRAGEN IHRES THERAPEUTEN

Wo sitzt der Schmerz und wie stark ist er? ______________________________

____

Wie häufig tritt er auf? ______________________________________

Wie lange dauert er an? ______________________________________

Zu welcher Tageszeit ist der Schmerz am stärksten? ____________________

Was haben Sie bisher gegen Ihre Schmerzen unternommen? ________________

____

Hatten Sie mit Ihren bisherigen Behandlungsversuchen Erfolg? ja ❑ nein ❑

Welche Medikamente haben Sie eingenommen? ________________________

____

Haben Sie sie regelmäßig eingenommen? ja ❑ nein ❑

Wie lange haben Sie schon Schmerzmittel genommen?
Eine Woche, mehrere Wochen, Monate, Jahre? __________________________

____

Sind Ihnen bestimmte Situationen oder Tätigkeiten
bewusst, die den Schmerz auslösen? ______________________________

____

Was denken Sie, wenn der Schmerz wieder kommt? ______________________

____

Haben Sie schon versucht, gedanklich dagegen anzugehen? ja ❑ nein ❑

Mit welchem Erfolg? ____

Haben Sie schon einmal versucht, die Situation, die den Schmerz begünstigt, zu vermeiden? ja ❑ nein ❑

Wie reagiert Ihre Familie auf Ihre Schmerzzustände? ____________________

____

FRAGEN IHRES THERAPEUTEN

	ja	nein
Finden Sie bei Ihren Kollegen oder Vorgesetzten am Arbeitsplatz Verständnis für Ihre Schmerzen?	❑	❑
Haben Sie schon daran gedacht, Rente zu beantragen?	❑	❑
Hatten Sie kürzlich oder schon vor längerer Zeit Unfälle oder Operationen?	❑	❑
Fühlen Sie sich manchmal niedergeschlagen, mutlos und wie gelähmt?	❑	❑
Fühlen Sie sich ängstlich und unsicher?	❑	❑
Leiden Sie unter Schlafstörungen?	❑	❑

Wie ist das Verhältnis zu Ihrer Familie (Eltern, Geschwister usw.)? ____________

____

Welche Schul- und Berufsausbildung haben Sie? ____________

____

Gibt es Ereignisse in Ihrem Leben, die Sie heute noch sehr belasten oder die Ihr Leben sehr verändert haben? ____________

____

	ja	nein
Sind Sie mit dem Verhältnis zu Ihrem Lebenspartner zufrieden?	❑	❑
Auch in sexueller Hinsicht?	❑	❑

Wann fühlen Sie sich richtig wohl? ____________

____

	ja	nein
Sind Sie von sich überzeugt?	❑	❑

Welche Hobbys haben Sie? ____________

Was würde Ihnen Freude machen, wenn Sie sich heute ein Hobby aussuchen könnten? ____________

____

Schmerzmittel – Analgetika – stehen im Mittelpunkt der Schmerzbehandlung. Man unterteilt sie in zwei Gruppen: meist rezeptfreie und weniger starke Medikamente und stark wirksame Mittel, Opioide.

Jahren hat sich hinsichtlich der Behandlung von chronischen Schmerzzuständen und Schmerzen im Zusammenhang mit unheilbaren Erkrankungen viel geändert, ja beinahe revolutioniert.

Schmerzmittel in zwei Variationen

Wesentlicher Bestandteil jeder Schmerzbehandlung sind heute die in der Fachsprache als Analgetika (Schmerzmittel) bezeichneten Medikamente. Sie werden in zwei große Gruppen unterteilt. Die erste Gruppe bilden die im peripheren Nervensystem wirkenden Medikamente. Sie setzen die Schmerzempfindlichkeit der Nervenenden herab, sodass keine Schmerzimpulse mehr an unser Gehirn gesendet werden und der Schmerz nachlässt. Viele dieser Schmerzmittel werden ohne ärztliches Rezept in der Apotheke verkauft. Sie sind in vielen Fällen sehr nützlich und helfen über so manche Unpässlichkeit und akute, aber vorübergehende Schmerzen hinweg.

Die zweite große Gruppe der Schmerzmittel wirkt im Zentralnervensystem. Es gibt schwach wirksame und stark wirksame Opioide. Sie sind in der Lage, selbst starke Schmerzen zu beseitigen. Mehr Informationen zu den Opioiden finden Sie im Kapitel »Im zentralen Nervensystem wirkende Schmerzmittel« (Seite 39ff.).

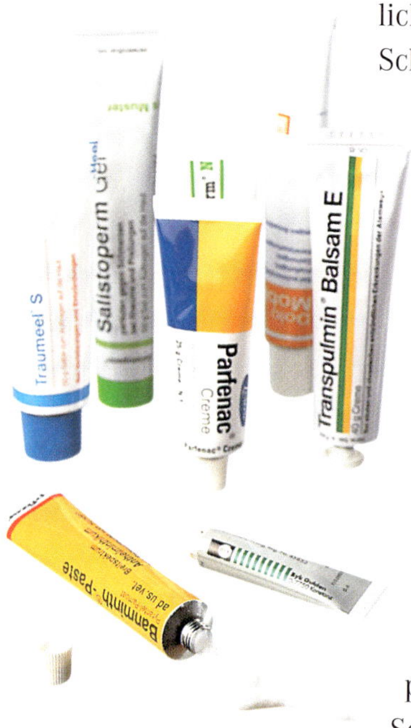

Auch schmerzlindernde Salben werden bei der Behandlung eingesetzt.

Auch die psychologische Behandlung hilft

Gespräche mit einem erfahrenen Therapeuten können Ihnen helfen, zu lernen, mit Schmerzen zu leben und besser damit umzugehen. Sie geraten in einen fatalen Teufelskreis, wenn

Der Arzt ist Ihr vertrauensvoller Partner. Beraten Sie sich eingehend und offen mit ihm.

die Schmerzen Ihr Leben beherrschen. Versuchen Sie vielmehr Ihrerseits, die Schmerzen zu beherrschen! Chronische Schmerzen sind heute kein unausweichliches Schicksal, kein Grund zu resignieren. Wichtig ist jedoch, dass Sie sich Partner, d. h. Ärzte und Therapeuten, suchen, die Ihnen dabei wirkungsvoll zur Seite stehen.

Wirken Sie aktiv bei der Behandlung Ihrer Schmerzzustände mit. Unterstützen Sie die Therapie Ihres Arztes oder Therapeuten. Versuchen Sie, die Schmerzen zu beherrschen.

Wege zur Schmerzbewältigung

Die psychischen Probleme, die Schmerzen – gleich ob akut oder chronisch – mit sich bringen, können enorm sein. Doch mit Engagement und gutem Willen gibt es Mittel und Wege, sie in den Griff zu bekommen.

Schmerzen machen Angst – und umgekehrt

Wer kennt sie nicht, die plötzliche Angst, wenn Schmerzen einsetzen? Insbesondere dann, wenn die Schmerzen wie aus heiterem Himmel auftreten, denkt man schnell an die schlimmsten Folgen. Die Angst kann sich aber auch verselbstständigen und Schmerzen auslösen, eine typische Begleiterscheinung

Der Besuch bei einem Psychologen mag abschreckend auf Sie wirken, doch eingehende Gespräche mit Fachleuten können oftmals die Ursachen von Panikattacken aufdecken.

DER ANGST AUF DIE SPUR KOMMEN

Es gibt heute einige recht erfolgreiche Methoden, die aus einer Kombination von Medikamenten und psychologischer Unterstützung bestehen. Sie selbst können am besten beurteilen, inwieweit die Panikattacken Ihr Leben beeinträchtigen und viele Pläne, die Sie haben, verhindern. Wahrscheinlich meiden Sie bestimmte Situationen allein deshalb, weil Sie befürchten, genau dann und an diesem Ort wieder eine Panikattacke zu bekommen. Das Auftreten der Attacke hat jedoch mit dem bestimmten Ort oder Zeitpunkt wenig zu tun. Sie bringen aber das unangenehme Ereignis damit in Verbindung und schon steigt die unerklärliche Angst wieder auf. Versuchen Sie, dem wirklichen Grund Ihrer Angst auf die Spur zu kommen. Häufig können in Gesprächen mit erfahrenen Psychologen dahinter steckende Knoten gelöst werden. Eine geeignete Therapie und Ihre eigene Bereitschaft dazu kann Ihnen helfen, die Angst zu überwinden.

bei Angst- und Panikstörungen. Kopfschmerzen, Herzrasen verbunden mit Schmerzen in der linken Körperhälfte und im Arm, Atemnot, Schwindelgefühl und Schweißausbrüche werden bei Angst- und Panikattacken beschrieben. Sprechen Sie unbedingt mit Ihrem Arzt darüber. Auch wenn er Ihnen nach eingehender Untersuchung versichert, dass Sie gesund sind, ist eine Behandlung der Angst- und Panikattacken ratsam.

Schmerz und Depression – ein ewiger Kreislauf?

Machen Schmerzen Depressionen oder machen Depressionen Schmerzen? Beides ist zutreffend und möglich. Ein länger

andauernder Schmerzzustand beeinträchtigt das Wohlbefinden in hohem Maße.
Sie selbst und auch die Menschen in Ihrem Lebensumfeld – in der Familie und am Arbeitsplatz – werden bemerken, dass Ihnen etwas fehlt oder, treffender gesagt, dass Ihnen etwas zu viel ist, nämlich die Schmerzen. Chronische Schmerzen verändern die Gefühlswelt beträchtlich. Vielleicht sind Sie viel ängstlicher geworden, zurückhaltend, unsicher und in Ihrer Grundstimmung eher pessimistisch. Früher waren Sie möglicherweise unternehmungslustiger und gut gelaunt. Wen wundert es aber, dass Ihnen bei ständigen Schmerzen die Laune vergangenen ist? Hinzu kommt, dass Sie sich nicht mehr leistungsfähig fühlen. Die Arbeit fällt schwer, die Erfolge bleiben möglicherweise aus und die Motivation lässt nach. Alles mag Ihnen in dieser Situation trübe und sinnlos erscheinen. Mit Ihrem Leiden hat sich vieles geändert, Sie sind nicht mehr der/die »Alte«. Aber Vorsicht, diese gedrückte und depressive Stimmung kann wiederum den Schmerzen Vorschub leisten.

Chance statt Schicksal

Finden Sie sich mit diesem Schicksal nicht ab. Sicher erkennen Sie auch hier den Teufelkreis wieder, in dem Körper und Seele miteinander ringen. Versuchen Sie ihn zu durchbrechen. Wenn Sie sich mithilfe Ihres Arztes um eine Lösung bemühen, wird es sicherlich gelingen. Ihr Hausarzt kennt niedergelassene Schmerztherapeuten oder auch spezialisierte Schmerzambulanzen. Neben umfassenden Untersuchungen, die Aufschluss über die Ursachen Ihrer Schmerzen geben, wird dort von Anfang an auch seelische Unterstützung angeboten.

Seelische Unterstützung ist in den meisten Fällen notwendig und führt oftmals zum Ziel.

Krebs – mit den Schmerzen leben lernen

Eine Krebserkrankung kann gewaltige Schmerzen mit sich bringen. Diese Beschwerden sind jedoch nicht unklar, sie haben eine Ursache, die Ihnen bekannt ist. Die Schmerzbehandlung bei Krebs ist ein sehr umfassendes Thema. Wir wollen in diesem Buch nur insofern darauf eingehen, dass auch diese Schmerzen behandelbar sind. In den letzten Jahren hat sich die Einstellung der Mediziner dazu sehr geändert. Hatte man früher noch die Befürchtung, der Patient könnte von den Medikamenten abhängig werden, steht heute die Erhaltung der Lebensqualität im Vordergrund. Sprechen Sie mit Ihrem Arzt über dieses Thema und sagen Sie ihm, dass Sie eine Schmerztherapie wünschen. Diese kann ganz genau und gezielt auf Ihre Bedürfnisse eingestellt werden. Als Orientierung für alle Ärzte und Schmerzpatienten hat die Weltgesundheitsorganisation einen Stufenplan zur Schmerztherapie herausgegeben, den Ihr Arzt kennt.

Mittel und Wege im Kampf gegen den Schmerz

Die Schmerzbehandlung hat in den vergangenen Jahren große Fortschritte gemacht. Natürlich müssen bei jeder medikamentösen Therapie Nutzen und Risiko der Arzneien in einem vernünftigen Verhältnis stehen. Doch sind Schmerzmittel stets als wirkungsvolles Instrument und Hilfsmittel im Kampf gegen den Schmerz zu sehen.

Medikamente sind ein ausgezeichnetes Hilfsmittel in der Zusammenarbeit zwischen Ihnen und Ihrem Arzt. Er ist zwar der Fachmann, der sie Ihnen verordnet, aber auch Ihre aktive Unterstützung ist wichtig auf dem Weg zum Erfolg.

Nebenwirkung kontra Lebensqualität

Beachten Sie bei allen Medikamenten, die Ihnen Ihr Arzt verschreibt: Die optimale Wirkung tritt nur dann ein, wenn Sie die Medikamente genau nach ärztlichem Rat einnehmen. Viele Patienten erschrecken schon, wenn sie die Liste der Nebenwirkungen lesen und lehnen das Medikament ab. Es ist aber eine gesetzliche Vorschrift, dass alle im Entferntesten nur möglichen unerwünschten Wirkungen aufgelistet werden. Alle Medikamente sind aber über Jahre hinaus gründlich geprüft und letztlich auch genehmigt worden, weil Nutzen und Risiko in kalkulierbarem Verhältnis stehen. Es gibt kein wirksames Medikament ohne Nebenwirkungen. In sehr vielen Fällen, insbesondere bei Schmerzzuständen und chronischen Erkrankungen, stellen sie aber für den Betroffenen eine große Erleichterung dar und verbessern die Lebensqualität erheblich.

Lehnen Sie medikamentöse Behandlungen nicht rundweg ab. Alle erhältlichen Medikamente verursachen Nebenwirkungen – aber Nutzen und Risiko stehen stets in einem kalkulierbaren Verhältnis.

Alternative Medizin (Naturheilverfahren)

Obwohl die alternative Medizin wissenschafltich nicht allgemein anerkannt ist, hat sie doch für die Behandlung einer ganzen Reihe von Erkrankungen an Bedeutung gewonnen. Wichtigstes Ziel bei der Anwendung von Naturheilverfahren ist es, die individuellen körpereigenen Ordnungs- und Heilkräfte anzuregen. Dies funktioniert jedoch zumeist nur dann, wenn Sie aktiv mitarbeiten. Viele Verfahren basieren auf persönlichen Erfahrungswerten der Therapeuten und sind nicht auf jeden Menschen übertragbar. Trotzdem finden sie großen Zuspruch, da sie kaum zusätzliche Risiken und Nebenwirkungen bergen. Einige Naturheilverfahren haben sich zum Bei-

Auch Anwendungen der physikalischen Therapie, z. B. Massage, können zur Schmerzlinderung beitragen.

spiel bei schweren Erkrankungen (Krebs) als sehr gute Begleitbehandlung erwiesen. Die Nebenwirkungen der notwendigen Grundbehandlung können gemildert und die Lebensqualität der Patienten kann deutlich verbessert werden.

Homöopathie, Antihomotoxie- und Phytotherapie

Wer die Einnahme herkömmlicher Medikamente ablehnt, der sollte durchaus einmal zu alternativen Therapieverfahren greifen. Homöopathische und phytotherapeutische Verfahren haben sich bereits gut bewährt.

Das Prinzip der Homöopathie ist es, die gestörte Lebenskraft des Körpers zu beeinflussen, da sie darin die Begründung von Krankheiten und Beschwerden sieht. Der Homöopath betrachtet den Menschen sehr genau und bestimmt danach die Arznei, die zur Selbstheilung anregen soll. Bei der Homöopathie gilt eine »Erstverschlimmerung« der Beschwerden als Zeichen dafür, dass ein geeignetes Präparat ausgewählt wurde.
Die antihomotoxische Therapie versteht sich als Brücke zwischen Homöopathie und Schulmedizin und arbeitet nach dem Prinzip der Körperentgiftung. Es gibt eine Reihe von fertigen Präparaten, die sich bei Gelenkarthrose, Muskelschmerzen, Verletzungen und rheumatischen Beschwerden nachweislich gut bewährt haben.
Die Phytotherapie beruht auf pflanzlichen Arzneistoffen, die bei funktionellen Störungen und Schmerzen gut geeignet sind. Umschläge, Tees und Extrakte, um ein paar Beispiele zu nennen, können äußerlich und innerlich angewendet werden.

Wenn Medikamente nicht einsetzbar sind

Nicht immer ist der Einsatz von Medikamenten möglich. Schluckbeschwerden oder Unverträglichkeiten können ihn verhindern. Aber auch hier gibt es Alternativen.

Physikalische Methoden

Dauerkatheter oder in die Haut eingepflanzte Pumpen oder Ports werden dann eingesetzt, wenn Medikamente nicht geschluckt werden können oder die Schmerzmittel nicht vertragen werden und ständig Übelkeit und Erbrechen verursachen. Sie sind auch dann sinnvoll, wenn ein Schmerzmittel ständig zugeführt werden muss.

Operative Methoden

Operative Methoden werden im Extremfall angewendet, wenn die Schmerzzustände auf die Dauer mit Medikamenten nicht zu bewältigen sind. Der Schmerz wird sozusagen abgeschnitten. Damit wird aber gleichzeitig auch die gesamte Funktion des Nervs ausgeschaltet.

Im peripheren Nervensystem wirkende Schmerzmittel

Diese Medikamente (Analgetika) reduzieren die Schmerzempfindlichkeit der Nervenenden im peripheren Nervensystem und unterbinden somit die Reizübertragung ins Gehirn – der Schmerz lässt nach.

Trinken Sie auf keinen Fall Alkohol, wenn Sie Schmerzmittel einnehmen.

Azetylsalizylsäure

Azetylsalizylsäure (ASS) ist eines der ältesten und bekanntesten Schmerzmittel. Unter dem Handelsnamen Aspirin ist es zu Weltruhm gelangt.

ANWENDUNGSBEREICHE VON ASS

- Kopfschmerzen
- Erkältungskrankheiten
- Zahnschmerzen
- Rheumaschmerzen
- Osteoporose
- Mentruationsschmerzen
- Blasen- bzw. Harnwegsentzündungen
- Zur Vorbeugung von Herzinfarkt und Schlaganfall werden ASS-haltige Medikamente auch in sehr kleinen Dosierungen täglich eingesetzt, weil sie »blutverdünnend« wirken.

WANN IST VORSICHT GEBOTEN MIT ASS?

- Bei hoher Allergieanfälligkeit können Atembeschwerden und schwere Asthmaanfälle auftreten.
- Hirnhautentzündung und akute Leberverfettung sind mögliche Folgeerscheinungen, wenn Kinder und Jugendliche bei einer Viruserkrankung wie Windpocken ASS einnnehmen.
- Bei Magengeschwüren oder einer chronischen Magenschleimhautentzündung darf ASS nicht eingesetzt werden.

Es ist wichtig, dass man in Erfahrung bringt, ob man verschiedene Medikamente gleichzeitig einnehmen kann.

ASS wird von verschiedenen pharmazeutischen Herstellern als Brause-, Kau- oder Schlucktabletten angeboten. Ihre Apotheke informiert Sie darüber. Beachten Sie daher beim Einsatz gegen Schmerzen genau die Dosierungshinweise auf der Packungsbeilage.

Nehmen Sie ASS »auf eigene Faust« nicht länger als drei bis vier Tage hintereinander ein. Begrenzen Sie die Anzahl auf maximal sechs Tabletten pro Tag. Nehmen Sie ASS nicht ein, wenn Sie gleichzeitig auch Markumar oder Heparin bekommen, da diese Mittel das Blut bereits verdünnen.

Fragen Sie Ihren Arzt grundsätzlich nach der Verträglichkeit, wenn Sie verschiedene Medikamente gleichzeitig nehmen und informieren Sie ihn darüber. Unklare Beschwerden oder Komplikationen können die Folge von Medikamentenunverträglichkeit sein.

Mögliche Nebenwirkungen

ASS kann als unerwünschte Wirkung die Magenschleimhaut angreifen und Magenbluten verursachen. Auch Allergien kommen vor, ebenso Schwellung der Augenlider und/oder Füße. Manchmal treten auch Kurzatmigkeit und Atemnot auf.

Nehmen Sie ASS insbesondere dann nicht ein, wenn Operationen oder Zahnbehandlungen kurz bevorstehen. Damit kann die Blutungsneigung gefördert werden und es entstehen unnötige Komplikationen.

Parazetamol

Eines der meist verwendeten Medikamente gegen Schmerzen ist neben ASS die Substanz Parazetamol. Sie gilt als magenverträglich und ruft kaum allergische Reaktionen hervor. Parazetamol wirkt gut fiebersenkend. Es kann bei vielen akuten und chronischen Schmerzformen eingesetzt werden. Die regelmäßige Einnahme von Parazetamol muss allerdings unter ärztlicher Aufsicht erfolgen. Ein Dauergebrauch bringt wie bei allen Schmerzmitteln Risiken mit sich, etwa Leber- und Nierenschäden. Auch eine Veränderung des Blutbildes kann eintreten. Sprechen Sie aus den genannten Gründen unbedingt mit Ihrem Arzt über das Verhältnis von Nutzen und Risiko, wenn Sie eine Schmerzbehandlung beginnen.
Achten Sie auch darauf, dass die Tabletten, die Sie einnehmen, möglichst nur einen Wirkstoff beinhalten. Wirkstoffkombinationen in einer Tablette bringen kaum mehr Schmerzlinderung. Die unerwünschten Wirkungen werden jedoch verstärkt. Sinnvolle Kombinationen sind mit dem Zusatz von Vitamin C oder Kodein zu erzielen.

Nehmen Sie Parazetamol auf eigene Faust nicht länger als drei bis vier Tage ein und überschreiten Sie auf keinen Fall die auf der Packungsbeilage angegebene Dosierungsmenge. Das Tagesmaximum liegt bei sechs Tabletten, je nach Wirkstoffkonzentration pro Tablette.

Ibuprofen

Ibuprofen gehört zur Substanzgruppe der so genannten nichtsteroidalen Antirheumatika. Es wird wegen seiner schmerzlindernden, entzündungshemmenden und gleichzeitig fiebersenkenden Wirkung als allgemeines Schmerzmittel eingesetzt. Hierfür reicht eine vergleichsweise niedrige Dosierung pro Tag aus. Bei rheumatischen Erkrankungen wie der rheumatoiden Arthritis, morgendlichen Gelenkschmerzen und

Sollten sich ungewöhnliche Beschwerden wie Kopfschmerzen, Übelkeit, Erbrechen oder Schlaflosigkeit einstellen, nehmen Sie das Medikament nicht mehr weiter ein und gehen Sie sofort zum Arzt.

BESONDERE HINWEISE

- Nehmen Sie Ibuprofen nicht ein, wenn Sie unter Bluthochdruck, Lungenasthma, Blutarmut oder Nierenfunktionsstörungen leiden. Ihr Arzt wird Ihnen die entsprechenden Hinweise geben. Fragen Sie unbedingt danach, wenn Sie dieses auch frei verkäufliche Schmerzmittel einnehmen.
- Wenn Sie wegen Ihres Bluthochdrucks bereits Medikamente bekommen, kann die blutdrucksenkende Wirkung durch Ibuprofen beeinträchtigt werden.
- Nehmen Sie Ibuprofen nicht ein, wenn Sie Magengeschwüre oder eine chronische Magenschleimhautentzündung haben.
- Wie die meisten Medikamente darf auch Ibuprofen in der Schwangerschaft oder Stillzeit nur in Ausnahmefällen und niemals ohne ärztlichen Rat eingenommen werden.

Steifheit der Gelenke wird Ibuprofen in höheren Dosierungen empfohlen. Auch bei akuten Gichtanfällen ist Ibuprofen ein geeignetes Mittel.
Zu den beschriebenen Nebenwirkungen von Ibuprofen zählen Magen- und Darmbeschwerden sowie unerwünschte Reaktionen, wie sie auch durch die Einnahme von ASS auftreten können. In Bezug auf Dosierung und Einnahmedauer gilt wie bei anderen Medikamenten grundsätzlich die Empfehlung auf der Packungsbeilage oder der Rat Ihres Arztes.

Spezielle Migränemittel

Neben den zuvor genannten Schmerzmitteln, die häufig bei Kopfschmerzen eingesetzt werden, stehen auch spezielle

Migränemittel zur Verfügung. Sie sind zwar stärker wirksam, haben aber auch mehr Nebenwirkungen.

Einfache Schmerzmittel - ASS, Ibuprofen, Parazetamol - können schmerzlindernd wirken. Vorsicht ist jedoch bei so genannten Kombinationspräparaten - Spalt, Thomapyrin, Migränin - geboten.

Ergotamin

Für eine kurzfristige Migränetherapie ist der Wirkstoff Ergotamin geeignet. Aufgrund seiner blutgefäßverengenden Wirkung werden mit Ergotamin gute Erfolge erzielt. Als Inhalationsspray eingesetzt, kann Ergotamin auch schwere Migräneattacken abfangen. Voraussetzung ist jedoch, dass es rechtzeitig bei Beginn einer Attacke angewendet wird.

Bei herzkranken Patienten ist der Einsatz von Ergotamin keinesfalls empfehlenswert, weil das Infarktrisiko erhöht wird. Auch bei Durchblutungsstörungen sollte besser auf Ergotamin verzichtet werden.

Ergotamin kann Dauerkopfschmerzen auslösen, wenn es häufig eingenommen wird. Um diesem Effekt entgegenzusteuern, wird empfohlen, Ergotamin maximal zwei Tage hintereinander – als Zäpfchen oder Spray – anzuwenden. Danach sollte mindestens vier Tage ausgesetzt werden.

Stress am Arbeitsplatz und ständiges Arbeiten mit dem Computer können Kopfschmerzen und Migräneanfälle verursachen.

Sumatriptan

Sumatriptan verengt die Gefäße recht schnell. Es kann in jedem Stadium der Migräne seine Wirkung enfalten und ist deshalb im akuten Fall auch als vorbeugende Maßnahme einsetzbar. Sumatriptan ist vergleichsweise gut verträglich. Die Nebenwirkungen sollten aber auch hierbei keinesfalls unterschätzt werden. Fragen Sie Ihren Arzt nach Nutzen und Risiko beim Einsatz der Substanz. Sicher finden Sie gemeinsam den richtigen Weg, um die unerwünschten Wirkungen der Medikamente möglichst gering zu halten.

Trinken Sie keinesfalls alkoholische Getränke, wenn Sie Betablocker einnehmen.

Betarezeptorenblocker

Betarezeptorenblocker sind eigentlich Mittel zur Blutdrucksenkung. Untersuchungen haben aber Hinweise darauf gegeben, dass sie auch eine vorbeugende Wirksamkeit bei Migräneattacken entfalten können. Ihr Einsatz wäre einen Versuch wert, wenn Sie häufig unter Migräneattacken leiden, die einige Tage anhalten und andere Maßnahmen zur Vorbeugung unwirksam sind. Um eine Wirkung zu erzielen, müssen Betablocker über acht bis zehn Wochen eingenommen werden. Ihr Arzt wird den Behandlungsplan mit Ihnen besprechen und Sie auch auf Risiken hinweisen. Vorsicht ist nämlich geboten, wenn Sie bereits unter niedrigem Blutdruck leiden. Sollten Sie Kontaktlinsen tragen, kann es durch die Anwendung von Betablockern u.a. zu Bindehautentzündungen kommen.

Auch Flunarizin eignet sich als Migränemittel, doch verwendet wird es meist nur dann, wenn andere Mittel versagen.

Flunarizin

Flunarizin ist ein Wirkstoff, der normalerweise bei Herzerkrankungen eingesetzt wird. Es ist nur dann in Erwägung zu ziehen, wenn durch andere Medikamente keine Besserung Ihrer Beschwerden erreicht werden kann. Sprechen Sie mit Ihrem Arzt darüber, ob Sie bereit sind, die eventuell auftretenden unerwünschten Nebenwirkungen in Kauf zu nehmen.

MÖGLICHE NEBENWIRKUNGEN VON FLUNARIZIN

- Müdigkeit
- Schwindel
- Benommenheit
- Abgeschlagenheit
- Gewichtszunahme
- Depression
- Bewegungs- und Koordinationsstörungen

Medikamente gegen Rheumaschmerzen

Schmerzen, die infolge rheumatischer Erkrankungen auftreten, lassen sich mit verschiedenen Ansätzen therapieren:

- Bei leichteren rheumatischen Beschwerden sind Schmerzmittel wie ASS, Parazetamol und Ibuprofen hilfreich.
- Als spezielle Rheumamittel werden Diclofenac, Indometazin, Naproxen oder Piroxicam eingesetzt.
- Bei entzündlichem Rheuma wird Ihr Arzt zu einer Behandlung mit Kortikosteroiden raten.
- Manchmal ist auch eine unterstützende Therapie mit Antidepressiva oder muskelentspannenden Medikamenten erforderlich. Der Einsatz von Antidepressiva bei Schmerzen ist nicht ungewöhnlich. Sie senken in gewissem Umfang die Schmerzempfindlichkeit.

Bei der Behandlung von Rheumaschmerzen gilt grundsätzlich:

- *Nur erprobte Präparate, deren Nebenwirkungen bekannt sind, einnehmen*
- *Präparate auswählen, die nur kurzzeitig wirken*
- *Verschiedene Rheumamedikamente nicht miteinander kombinieren*
- *So kurz wie möglich behandeln*
- *Keine Kombinationspräparate verwenden*

Im zentralen Nervensystem wirkende Schmerzmittel

Eine sehr starke schmerzlindernde Wirkung haben die so genannten Opioide. Sie wirken im Zentralnervensystem und sind in der Lage, schwere chronische Schmerzen, wie sie z. B. bei Krebserkrankungen auftreten können, zu blockieren. Opioide eignen sich auch zur Behandlung starker akuter Schmerzen, zum Beispiel nach Verletzungen oder Operationen.

In der modernen Schmerztherapie wird für den Einsatz von Opioiden bei starken Schmerzzuständen plädiert. Die früher befürchtete Gefahr der Abhängigkeit ist nicht zutreffend. Es ist

Erkrankungen des Gelenkapparates sind meist mit starken Schmerzen verbunden, z. B. rheumatische Krankheiten.

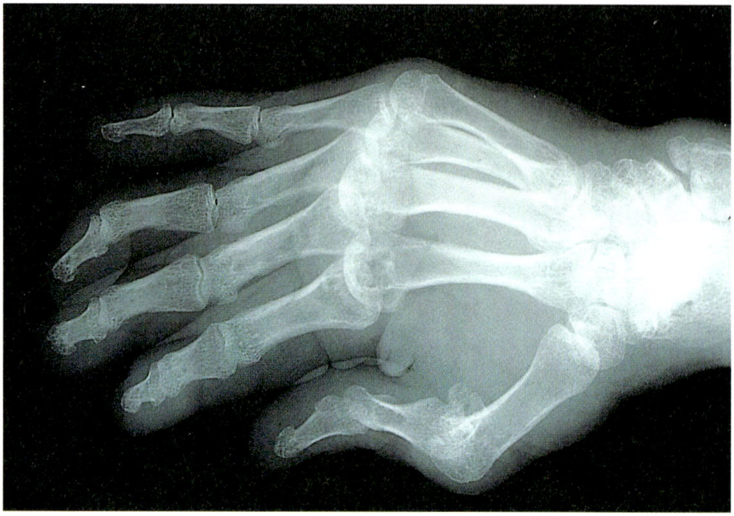

Opioide sind stark wirksame Substanzen. Standardwirkstoff ist Morphin. Opioide werden als Dragees, Tabletten, Tropfen, Zäpfchen Infusionen oder Injektionen verabreicht.

deshalb nicht gerechtfertigt, Schmerzpatienten diese Medikamente vorzuenthalten.
Die Erfahrungen in der modernen Schmerztherapie lassen heute Behandlungen zu, die es dem Patienten ermöglichen, ohne wesentliche Beeinträchtigungen am normalen Alltagsleben teilnehmen zu können. Weder die Denkleistung noch das Reaktionsvermögen werden durch die Behandlung mit Opioiden beeinträchtigt.

Stufenkonzept zur Schmerzbehandlung

Wenn Sie starke Schmerzen haben, sollten Sie in jedem Fall mit Ihrem Arzt darüber sprechen. Fragen Sie ihn nach Möglichkeiten der Schmerzbehandlung. Die Weltgesundheitsorganisation hat ein allgemein gültiges Stufenkonzept zur Behandlung von Schmerzen herausgegeben. Danach werden bereits in der zweiten Stufe, wenn ASS, Parazetamol und Ibuprofen keine Wirksamkeit mehr haben, Opioide empfohlen. Teilweise werden auch Kombinationen von Schmerzmitteln eingesetzt, die sowohl im peripheren als auch im zentralen Nervensystem

wirksam sind. Zusätzlich haben sich Medikamente bewährt, die die Schmerzwahrnehmung dämpfen.
Vertrauen Sie in der Schmerzbehandlung Ihrem Arzt und versuchen Sie mit ihm gemeinsam den für Sie passenden Behandlungsweg zu finden.

Kleine Unannehmlichkeiten nebenbei

Eine der häufigsten Nebenwirkungen bei der Behandlung starker Schmerzen mit Opioiden ist Verstopfung. Eine parallele Behandlung mit Abführmitteln ist fast unumgänglich. Es kann auch passieren, dass Übelkeit und Erbrechen durch Opioide verursacht werden. Diese Nebenwirkungen treten jedoch zumeist nur in der Anfangsphase der Behandlung auf und bessern sich nach einigen Tagen.

Opioide bewirken auch kleineres Ungemach: Es kann zu Verstopfung oder Übelkeit und Erbrechen kommen.

Zusätzliche Verordnungen

Nicht nur Analgetika werden zur Behandlung von Schmerzen eingesetzt. Möglicherweise werden Sie erstaunt sein, dass Ihr Arzt Ihnen bei einer Schmerztherapie auch Medikamente verordnet, die nicht direkt der Linderung dienen. Sie haben jedoch einen günstigen Einfluss auf die jeweilige Erkrankung und daher ebenfalls ihre Berechtigung. Lassen Sie sich die Notwendigkeit und den Nutzen von Ihrem Arzt genau erklären, wenn Ihnen unklar ist, warum Sie bestimmte Medikamente bekommen. Begleitend zur Schmerztherapie werden in der Regel die folgenden Wirkstoffe eingesetzt.

Antidepressiva

Auch Antidepressiva lindern starke Schmerzen, indem sie offenbar die Schmerzempfindlichkeit herabsetzen. Und wen würde es wundern, wenn Sie bei ständigen Schmerzen niedergeschlagen und traurig sind, eine Stimmung, die wiederum die Schmerzen verschlimmert? Antidepressiva helfen Ihnen darü-

Antidepressiva verwendet man nicht nur gegen Depressionen, sondern auch begleitend bei Schmerztherapien.

ber hinweg und geben Ihnen wieder mehr Lebensfreude. Die modernen Antidepressiva sind im Allgemeinen gut verträglich. Zudem ist für die Schmerzbehandlung eine geringere Dosierung ausreichend als für die Behandlung von Depressionen. Scheuen Sie sich deshalb nicht davor, Antidepressiva zu nehmen. Das hat nichts damit zu tun, dass man Sie für seelisch krank hält, Ihnen die Schmerzen nicht glaubt oder Sie nicht ernst nimmt – im Gegenteil.

Antikonvulsiva

Bei Krampfanfällen eingesetzte Medikamente (Antikonvulsiva) sind auch bei plötzlich auftretenden, attackenartigen Schmerzen – schwere Kopfschmerzen, Nervenschmerzen oder Phantomschmerzen – wirksam. Wenn derartige Medikamente notwendig sind, wird Ihr Arzt Ihnen auch genau erklären, mit welchen Nebenwirkungen Sie zu rechnen haben. Um sicherzugehen, dass das Medikament für Sie verträglich ist, wird Ihr Arzt möglicherweise einige Voruntersuchungen durchführen.

Neuroleptika

Beruhigende, angstlösende Medikamente (Neuroleptika) werden auch bei Schmerzen eingesetzt, um die Angst vor der nächsten Schmerzattacke zu nehmen. Besprechen Sie mit Ihrem Arzt, ob derartige Medikamente für Sie von Nutzen sind.

Tranquilizer

Beruhigungsmittel (Tranquilizer) wirken angstlösend, dämpfend und muskelentspannend. Ein großer Nachteil dieser Medikamente ist jedoch, dass sie sehr müde, verstört und teilnahmslos machen können. Auch die Gefahr der Abhängigkeit ist nicht zu unterschätzen. Achten Sie selbst darauf, dass Sie diese Medikamente nur sehr kurzfristig anwenden und auch nur dann, wenn es keine andere Möglichkeit gibt.

Akupressur und Akupunktur

Hilfreiche und ergänzende Behandlungsmaßnahmen in der Schmerzbehandlung können auch Methoden wie Akupressur oder Akupunktur sein. Bei leichten bis mittelstarken Schmerzen wären sie zumindest einen Versuch wert. Die Akupressur kann zum Beispiel Muskelverspannungen lösen, die Durchblutung fördern und zudem sehr beruhigend, entspannend und wohltuend wirken.

Die Akupressur ist aus der Traditionellen Chinesischen Medizin hervorgegangen, die unter der Kurzbezeichnung TCM auch in der westlichen Welt mittlerweile große Anerkennung gefunden hat. Vergleichbar damit sind japanische Behandlungsverfahren wie Shiatsu und eine in Europa entwickelte Variante, die Akupunktmassage. Das Ziel dieser Behandlungsmethoden ist es, einen so genannten »Energieausgleich« im Organismus zu schaffen und damit die Selbstheilungskräfte zu aktivieren. Dadurch kann es gelingen, Schmerzen und andere Beschwerden zu lindern. Mit den Fingerkuppen, Fingernägeln oder auch mit Massagestäbchen werden bestimmte Druckpunkte (Meri-

Sowohl Akupressur als auch Shiatsu zielen auf eine Harmonisierung der Lebensenergien: Körpereigene Abwehrkräfte sollen mobilisiert, der Energiefluss angeregt und in die richtigen Bahnen gelenkt werden. Dies führt zu innerem Gleichgewicht und Schmerzfreiheit.

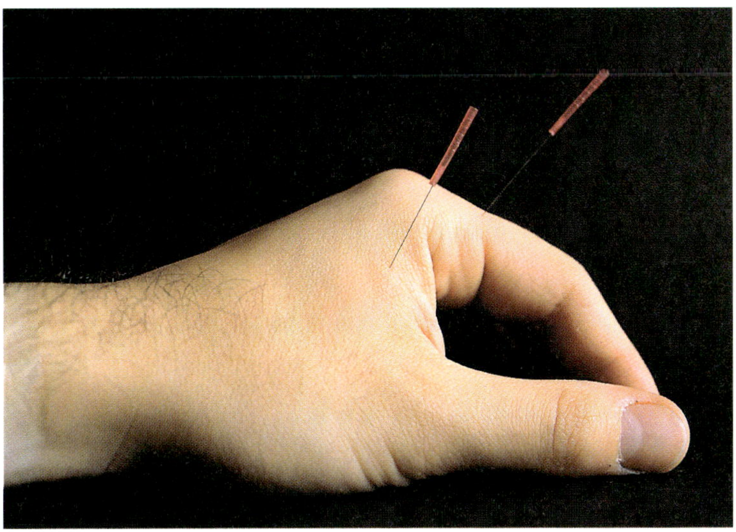

Akupunktur wird in China bereits seit Jahrhunderten zur Linderung akuter und chronischer Schmerzzustände erfolgreich eingesetzt.

diane) an der Körperoberfläche stimuliert und können über bestimmte Nervenverbindungen im zentralen Nervensystem Schmerzen durch die Ausschüttung körpereigener, schmerzstillender Substanzen beeinflussen. Akupressur und ähnliche Methoden vermindern Muskelverspannungen, fördern die Durchblutung, wirken beruhigend und helfen bei Übelkeit und Erbrechen. Besonders angenehm und wirkungsvoll ist die Akupressur in Verbindung mit der Aromatherapie. Dabei werden zusätzlich mit der sanften Massage wohlriechende Öle in die Haut eingerieben.

Die Akupunktur, ebenfalls eine Methode aus der Traditionellen Chinesischen Medizin, erfreut sich auch hier zu Lande in den letzten Jahren immer größerer Beliebtheit. Das Prinzip der Akupunktur besteht darin, über bestimmte Nervenverbindungen eine Schmerzlinderung zu erzielen. Dabei wird wahrscheinlich auch die Ausschüttung körpereigener schmerzlindernder Stoffe angeregt. Besprechen Sie am besten mit Ihrem Arzt, ob in Ihrem Fall eine Akupunktur zur Schmerzbekämpfung sinnvoll ist. Er wird Ihnen auch helfen, einen geeigneten Akupunkteur zu finden.

Suchen Sie aktiv Ihren Weg!

Da sich die Menschen voneinander unterscheiden, sind auch die Behandlungen von Person zu Person verschieden.

Es gibt eine Reihe von Möglichkeiten, die Ihnen im Kampf gegen den Schmerz helfen können. Lassen Sie sich von Ihrem Arzt beraten und probieren Sie aus, welche Methode für Sie die richtige ist. Jeder Mensch ist ein Individuum, deshalb kommt es fast immer auf den speziellen Fall an, ob eine Heilmethode hilft oder nicht. Sie sollten sich weder von Pessimisten verunsichern noch von Optimisten zu fragwürdigen Methoden überreden lassen. Wundersame Heilerfolge sind, um ehrlich zu sein, äußerst selten. Vertrauen Sie auf sich und suchen Sie sich einen Arzt, mit dem Sie gut zurecht kommen, dem Sie vertrauen können und dessen Rat Ihnen wichtig ist.

Sprechen Sie mit Ihrem Arzt

Sprechen Sie Probleme an, die Ihnen auf der Leber liegen und die Ihnen vielleicht selbst schon im Zusammenhang mit Ihren Schmerzen oder mit der Behandlung aufgefallen sind. Äußern Sie Wünsche und besprechen Sie mit Ihrem Arzt, welche Methoden sinnvoll sein können. Die meisten Ärzte sind gut informiert und kennen sich auch mit den modernsten Behandlungsmethoden aus. Seien Sie aber auch geduldig mit Ihrem Arzt. Er ist kein Hellseher. Geben Sie ihm Zeit, mit Ihnen gemeinsam die Ursache für Ihre Erkrankung zu finden und zu behandeln. Vielleicht sind die Schäden über viele Jahre hinweg entstanden. Es wird dann sicher nicht möglich sein, in ganz kurzer Zeit alles wieder in Ordnung zu bringen. Erkundigen Sie sich genau darüber, wie Sie in Zukunft weitere Beschwerden oder alte Leiden vermeiden können. Es kann aber auch sein, dass Schäden bleiben und Sie lernen müssen, mit Ihren Beschwerden zu leben oder zumindest lange Zeit damit zurecht zu kommen. Ihr Arzt wird Ihnen dabei helfen und Sie begleiten und führen – aber gehen sollten und müssen Sie selbst.

Ihr Arzt sollte nicht nur medizinisches Fachwissen einbringen, sondern auch ein Mensch sein, zu dem Sie Vertrauen fassen können.

Heilpflanzen gegen den Schmerz

Heilpflanzen und -kräuter sind frei von Risiken und Nebenwirkungen.

Wenn man nach nebenwirkungsarmen oder risikofreien Arzneimitteln sucht, stehen die pflanzlichen Heilmittel an oberster Stelle. Sie eignen sich oft zur Selbstbehandlung bei leichten Schmerzzuständen und vorübergehenden Beschwerden. Ein Blick in Großmutters Hausmittelrezepte ist hierbei durchaus empfehlenswert.

Bei Bauchschmerzen, Blähungen, Völlegefühl, Magen-Darmbeschwerden:

- Artischockenblätter, z. B. als Kapseln zum Einnehmen
- Baldrian, z. B. als Tee, Saft, Dragees
- Eibisch, z. B. als Tee, Saft, Pastillen
- Fenchel, z. B. als Honig, Tee, Kapseln
- Flohsamen, z. B. als Pulver, Samen
- Kamille, z. B. als Tee, Extrakt, Lösung, Pastillen
- Kümmel, z. B. als Tee
- Pfefferminze, z. B. als Tee
- Salbei, z. B. als Tee

Die Blätter und Blüten des Salbeis helfen bei Schmerzen im Magen-Darm-Bereich.

Bei Kopfschmerzen:

- Pfefferminze, z. B. als Öl
- Silberweidenrinde, z. B. als Tee
- Melisse, z. B. als Tee oder äußerlich als Tinktur
- Baldrian, z. B. als Tee
- Johanniskraut, z. B. als Tee

Bei entzündlichen Hauterkrankungen, Hautverletzungen, Akne:

- Aloe,
  z. B. als Salbe oder Gel
- Arnika,
  z. B. als Salbe oder Gel
- Borretsch,
  z. B. als Öl oder Salbe
- Hamamelis,
  z. B. als Salbe
- Kamille,
  z. B. als Salbe, Gel
  oder Lösung
- Nachtkerze,
  z. B. als Kapsel, Öl
- Propolis,
  z. B. als Salbe, Tinktur
- Ringelblume,
  z. B. als Creme, Salbe
- Teebaum,
  z. B. als Öl
- Walnuss,
  z. B. als Öl

Gels, Salben, Cremes und Tinkturen verschaffen Linderung bei Hauterkrankungen. Die Ringelblumensalbe ist wohl das bekannteste Beispiel.

Bereits Sebastian Knelpp wusste um die hervorragenden Heilwirkungen der Ringelblume.

Bei schmerzhaften Blaseninfektionen und Harnwegs entzündungen:

- Brennnessel, z. B. als Kapseln, Saft, Tee
- Goldrute, z. B. als Kapseln, Tee
- Kürbiskerne, z.B. als Samen, Kapsel
- Roter Sonnenhut, z. B. als Saft

Heilende Kräfte bei Erkältungskrankheiten besitzen insbesondere Isländisch Moos, Sonnenhut, Salbei und die Weide.

Bei schmerzhaften Erkältungskrankheiten:

- Isländisches Moos, z. B. als Pastillen, Tee
- Blasser Sonnenhut, z. B. als Kapseln, Saft
- Salbei, z. B. als Tropfen, Tee
- Weide, z. B. als Dragees, Lösung, Tee

Bei Schmerzen in den Beinen aufgrund von Venenleiden:

- Rosskastanie, z. B. als Dragees, Kapseln, Creme

Zur Unterstützung der Schmerztherapie, aber auch bei innerer Unruhe, Angst, depressiven Verstimmungen, Schlafstörungen:

- Johanniskraut, z. B. als Dragees, Kapseln
- Melisse, z. B. als Tee, Melissengeist

Tee aus frischen Pfefferminzblättern wirkt wohltuend bei Bauchschmerzen. Bei Kopfschmerzen können Sie Stirn und Schläfen mit Pfefferminzöl einreiben.

Bei rheumatischen Schmerzen, Gelenk- und Muskelschmerzen:

- Aloe, z. B. als Salbe
- Arnika, z. B. als Salbe, Gel
- Blasser Sonnenhut, z. B. als Tropfen, Tabletten
- Borretsch, z. B. als Öl
- Brennnessel, z. B. als Tropfen, Kapseln, Tee
- Paprika/Kapsaizin, z. B. als Tabletten, Salbe
- Kampfer, z. B. als Lösung, Gel, Salbe
- Rosmarin, z. B. als Salbe, Ölbad
- Teufelskralle, z. B. als Tabletten, Kapseln

Die Natur ist reich an Pflanzen, die bei rheumatischen Schmerzen helfen.

Rosmarinsalbe hilft gegen rheumatische Schmerzen.

Bei Nervenschmerzen:

- Paprika/Kapsaizin, z. B. als Tabletten, Salbe

Achten Sie bei der Anwendung von Heilpflanzen und pflanzlichen Heilmitteln stets darauf, dass Sie ausschließlich natürliche, reine Produkte verwenden. Beraten Sie sich vorab mit Ihrem Arzt, Heilpraktiker oder Apotheker.

Schmerzen von Kopf bis Fuß

Regelmäßige Bewegung, z. B. Gymnastik, Yoga, beugt Kopfschmerzen vor.

Die Schmerztherapie nimmt in der Medizin heute einen wesentlich größeren Raum ein als noch vor wenigen Jahrzehnten. Intensive Forschungen auf diesem Gebiet haben eine Vielzahl neuer therapeutischer Möglichkeiten geschaffen. Schmerz ist daher heute in den allermeisten Fällen kein unausweichliches Schicksal mehr. Warten Sie aber keinesfalls zu lange, bis Sie etwas gegen Ihre Beschwerden unternehmen. Nicht immer ist der Einsatz von Medikamenten im Kampf gegen den Schmerz nötig. Ihr wichtigster Partner ist Ihr Arzt. An ihn sollten Sie sich vertrauensvoll wenden und mit ihm gemeinsam einen Lösungsweg suchen. Sehen Sie Ihren Arzt hierbei als Ratgeber und Partner, dem Sie sich anvertrauen können, denn Schmerzen sind eine sehr individuelle Angelegenheit, die jeder anders empfindet.

Kopfschmerzen und Migräne

Nehmen Sie ohne ärztliche Anweisung keine Schmerzmittel über einen längeren Zeitraum ein! Es besteht die Gefahr, von Medikamenten abhängig zu werden.

Rund 70 Millionen Bundesbürger leiden zeitweise unter Kopfschmerzen, mehr als zehn Millionen sogar regelmäßig. Kopfschmerzen sind ein Alarmsignal: Es muss einerseits einen Grund dafür geben, dass so viele Menschen davon betroffen sind, andererseits sind Kopfschmerzen ein ernstes Warnsignal des Körpers.

So zahlreich wie die Menschen sind vermutlich auch die Formen ihrer Kopfschmerzen. Jeder, der einmal mehr oder weniger darunter leidet, hat »seinen« speziellen Kopfschmerz. Dennoch unterscheidet die Medizin heute einige Kopfschmerztypen, die bei vielen Menschen in sehr ähnlicher Form vorkommen. Hier sind auch Behandlungsmöglichkeiten erforscht worden, die den Betroffenen helfen können.

Spannungskopfschmerzen

Meist beginnen Spannungskopfschmerzen dumpf und drückend im Stirn- oder Nackenbereich. Dabei wird häufig beschrieben, man habe das Gefühl, als stecke der Kopf in einem Schraubstock. Ein unerträgliches Druckgefühl kann sich über den ganzen Kopf ausbreiten und einige Stunden – aber auch mehrere Tage – anhalten. Beobachten Sie einmal, wann und wie lange Ihre Spannungskopfschmerzen auftreten.

Spannungskopfschmerzen können auch chronisch sein, meistens treten sie aber nur gelegentlich und in unregelmäßigen Abständen auf.

Checkliste für Ihren Schmerz

- Gibt es Vorboten?
- Tritt er vor oder nach besonderen Ereignissen auf, die Ihnen im wahrsten Sinne des Wortes Kopfschmerzen bereiten?
- Leiden Sie bei bestimmten Wetterlagen darunter?

Die Ursachen der Spannungskopfschmerzen sind aus medizinischer Sicht noch nicht endgültig geklärt. Vermutet werden aber zu Grunde liegende Verspannungen der Muskulatur im Kopf-, Hals- und Schulterbereich. Auch eine falsche Körperhaltung kann zu Verspannungen führen. Achten Sie einmal darauf, ob Sie aufrecht gehen und entspannt sitzen. Vielleicht schlafen Sie auf einer ungeeigneten, d.h. zu harten oder zu weichen Matratze? Wie sieht Ihr Arbeitsplatz aus?

Bildschirmarbeitsplätze können Verspannungen begünstigen, manchmal ist auch einfach nur ein falscher Stuhl daran schuld. Aber es können auch Stress, Ärger oder Konflikte im Privat- und Berufsleben sein, die u. a. zu Kopfschmerzen führen. Fragen Sie an dieser Stelle Ihren Schmerz, ob er Ihnen vielleicht etwas sagen möchte.

Zur Entspannung und zur Linderung von Spannungskopfschmerzen empfehlen sich autogenes Training oder Yoga.

Spannungskopfschmerz – woran erkenne ich ihn?

Symptomatisch für den Spannungskopfschmerz ist ein stark drückender oder klopfender Schmerz von leichter bis mittlerer Intensität, der – meist beidseitig – von der Stirn ausgeht oder auf den Augen liegt.
Häufig wird dieser Schmerz durch Stress, Angst, Depressionen oder körperliche Anstrengung ausgelöst. Als Sofortmaßnahmen helfen Entspannungsübungen, Azetylsalizylsäure (ASS), z. B. Aspirin, sowie das Einreiben der Stirn und Schläfen mit Pfefferminzöl.

Weitere Möglichkeiten stehen zur Wahl

Wenn die Schmerzen nicht allzu häufig auftreten, können Sie sich mit Entspannungsübungen selbst helfen. Vielleicht finden Sie ja sogar Ihren ganz persönlichen Weg und eine geeignete Strategie. Rasche Linderung, z. B. bei Spannungskopfschmerzen, schaffen Übungen wie Yoga oder autogenes Training. Im Anschluss finden Sie ein paar Vorschläge, wie Sie Ihrem Schmerz ohne Arzneien zu Leibe rücken können:

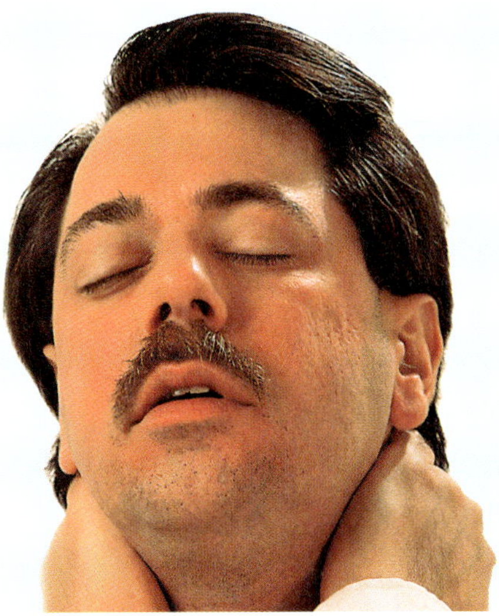

Stress, Angst, Depressionen und körperliche Belastung können Kopfschmerzen auslösen.

MITTEL GEGEN DEN SCHMERZ

Medikamente, die in Abstimmung mit Ihrem Arzt eingesetzt werden können:

* Parazetamol
* ASS (z. B. Aspirin)
* Ibuprofen
* nichtsteroidale Antirheumatika
* Diclofenac
* Mittel gegen Übelkeit
* Ergotamin
* Flunarizin oder Betablocker; können bei häufigen Anfällen vorbeugend wirken

Pflanzliche Arzneimittel:

* Pfefferminzöl zum Auftragen
* Kapsaizin-Tropfen
* Johanniskraut
* Kava-Kava (Rauschpfeffer)

Fragen Sie sich: Was macht mir momentan Kopfzerbrechen? Versuchen Sie, das Problem herauszufinden. Überlegen Sie sich, ob es dafür eine Lösungsmöglichkeit gibt. Gehen Sie davon aus: Hinter jedem Problem verbirgt sich eine Lösung. Verhandeln Sie mit dem Problem. Fragen Sie es, ob es bereit ist, mit Ihnen gemeinsam eine Lösung zu finden. Was stört Sie an dem Problem, das Ihnen Kopfschmerzen macht, besonders? Was sollte sich ändern? Warum ändert es sich nicht? Was können Sie ändern? Was hindert Sie daran? Wenn Sie auf diese Fragen eine Antwort finden, sind Sie der Lösung schon ein Stück nähergekommen.

Entspannung wirkt Wunder: Bei leichten Schmerzen, z. B. Kopfschmerzen, ist der Griff zu Schmerzmitteln in der Regel nicht nötig. Versuchen Sie stattdessen sich zu entspannen und Ruhe zu finden. Sie werden sehen – es wirkt.

Schmerzen sind ein Warnsignal unseres Körpers

* Sie können es auch einmal damit versuchen: Setzen oder legen Sie sich hin, und entspannen Sie bewusst alle Muskeln. Denken Sie dabei an etwas Angenehmes – z. B. eine schöne Erfahrung, die Sie gemacht haben – oder hören Sie Ihre Lieblingsmusik. Sie werden merken, dass es Ihnen schon beim Gedanken daran etwas besser geht.

- Machen Sie sich eine Freude oder planen Sie mit Freunden zusammen etwas Schönes.
- Ein Spaziergang an der frischen Luft kann helfen. Die Zufuhr von Sauerstoff fördert die Durchblutung.
- Gewöhnen Sie sich vor allem an eine lockere Körperhaltung, denn damit beugen Sie unangenehmen Verspannungen Ihrer Muskulatur vor.
- Auch mit Knoblauch können Sie gegen die Kopfschmerzen ankämpfen. Ob als Saft oder rohe Zehe, ob als Fußbad oder Tee, er wird Ihre Schmerzen lindern helfen.

Einseitiger und attackenartiger Kopfschmerz

Vorsicht, Alkohol kann diese Kopfschmerzattacken provozieren!

In der Fachsprache heißt dieser Schmerztyp Clusterkopfschmerz. Bohrend, stechend und brennend tritt er anfallartig auf. Die Anfälle können sich mehrmals pro Tag wiederholen und dauern in der Regel 20 bis 60 Minuten. Was als Ursache hinter dieser Form der Kopfschmerzen steckt, konnte bislang medizinisch nicht geklärt werden. Sicher ist nur, dass mehr Männer als Frauen darunter leiden.

Regelmäßige Bewegung an der frischen Luft: So beugen Sie Kopfschmerzattacken vor. Meiden Sie jedoch Örtlichkeiten mit hoher Schadstoffbelastung.

STÄNDIGE SCHMERZEN – WAS TUN?

Wenn die Schmerzen sehr häufig auftreten oder ständig da sind, sollten Sie unbedingt einen Arzt aufsuchen. Beschreiben Sie ihm Ihre Schmerzen so genau wie möglich und berichten Sie, was Sie selbst schon dagegen unternommen haben! Ihr Arzt wird einige notwendige Untersuchungen vornehmen, damit er sich ein klares Bild über mögliche Ursachen verschaffen kann. Auf diese Weise können die Weichen für eine Erfolg versprechende Behandlung gestellt werden. Scheuen Sie sich auch nicht, dem Arzt eventuelle Konfliktsituationen genau zu schildern, sei es im privaten Bereich oder am Arbeitsplatz. Insbesondere dann, wenn keine organischen Ursachen festgestellt werden können, sind diese Hinweise wichtig.

Es gibt sehr hilfreiche Behandlungsmethoden, die Sie in die Lage versetzen, mit Konfliktsituationen besser umzugehen. Denken Sie immer daran: Hinter jedem Problem verbirgt sich eine Lösung.

Vielfältiger Kopfschmerz

Die zahlreichen Erscheinungsformen der Kopfschmerzen machen eine Zuordnung manchmal sehr schwierig. Je genauer Sie Ihrem Arzt die Begleitsymptome schildern können, desto größer ist die Chance eine Behandlungsstrategie zu finden. Eine exakte Untersuchung ist auch deshalb sinnvoll und notwendig, um Schädigungen der Nerven, der Nervenwurzeln oder des zentralen Nervensystems zu erkennen bzw. auszuschließen. Schildern Sie Ihrem Arzt deshalb genau, wann die Schmerzen auftreten und ob sie mit Übelkeit, Erbrechen, Schlaflosigkeit, Schlafstörungen, Appetitlosigkeit oder Schmerzen in anderen Körperbereichen verbunden sind. Bestimmte

Vor allem bei Kopfschmerzen ist es äußerst wichtig, dass Sie Ihrem Arzt die Schmerzsymptome möglichst genau beschreiben. Von Ihrer Information hängt die anschließende Behandlung maßgeblich ab.

Medikamente begünstigen oder verursachen bei einigen Menschen starke Kopfschmerzen. Welche Medikamente nehmen Sie ein, und könnte hier möglicherweise ein Zusammenhang bestehen?
Wenn Sie häufig auch nachts unter Schmerzattacken leiden, können vorbeugende Maßnahmen hilfreich sein. Fragen Sie hierzu in jedem Fall einen Spezialisten. Oftmals werden Kopfschmerzattacken auch mit psychischen Problemen in Verbindung gebracht. Bei Clusterkopfschmerzen hat sich dies bisher jedoch nicht bestätigt, da alle psychologischen Behandlungsformen hierbei unwirksam sind.

Achtung, Teufelskreis!

Nehmen Sie keinesfalls über einen längeren Zeitraum ohne ärztlichen Rat Schmerzmittel ein! Dadurch fördern Sie nämlich Ihre Kopfschmerzen, weil Ihre Schmerzempfindlichkeit erheblich gesteigert wird: Lässt die Wirkung des Medikaments nach, ist der Kopfschmerz sofort wieder da. Die Einnahme von Schmerzmitteln sollte wirklich die Ausnahme bleiben. Medikamente haben nur dort ihre Berechtigung, wo andere Möglichkeiten fehlen und der Leidensdruck die Lebensqualität erheblich beeinträchtigt.

Genuss ohne Reue

Nikotin und Alkohol gelten als entspannende Wirkstoffe, doch sie verursachen gerne Kopfschmerzen.

Zigaretten und Alkohol sind wahre Kopfschmerzspezialisten. Obwohl beide Genussmittel zunächst auch als Entspannungskünstler ihr Spiel treiben, fordern sie ihren Preis. Der besteht nicht selten darin, dass Sie am Morgen nach einer Party mit erheblichen Kopfschmerzen wach werden. Aber in diesem Fall ist zumindest der Grund für die Schmerzen klar.
Seien Sie jedoch Ihrer Gesundheit zuliebe beim Genuss von Alkohol und Zigaretten maßvoll. Längst ist bekannt, dass regelmäßiger Alkohol- und Zigarettenkonsum langfristig zu

erheblichen Organschädigungen führt. Herz, Kreislauf und Blutgefäße, Leber, Niere, Magen, Darm, Blase usw. werden in ihrer normalen Funktion stark beeinträchtigt, denn sie müssen ständig mit Giften kämpfen.

Nehmen Sie Ihren Schwur vom letzten Kater ernst: »Nie wieder Alkohol!« Steigen Sie auf alkoholfreie Getränke um, wenn Sie um Ihre Kopfschmerzneigung wissen.

Signale des Unterbewusstseins

Schmerzen sind meist ein Warnsignal unseres Körpers. Kopfschmerzen nach einem feuchtfröhlichen Abend signalisieren: Das war zu viel! Das Unterbewusstsein fordert eine Pause und vergisst auch nicht, ein schlechtes Gewissen zu vermitteln. Wenn das Warnsystem gut funktioniert, werden Sie beim nächsten Glas Wein oder Bier wieder an die Kopfschmerzen denken. Wie wäre es, wenn Sie eine Vereinbarung mit sich selbst treffen? Die könnte beispielsweise wie folgt aussehen: »Ich trinke ein Glas Wein, weil es mich entspannt und zum heutigen Abendessen gut schmeckt. Und morgen stehe ich mit klarem Kopf auf und genieße den Tag ohne die unangenehmen Beschwerden, die einen Kater ausmachen.« Probieren Sie es doch einfach einmal aus.

Wein kann außer dem Alkohol auch noch andere Stoffe enthalten, die schwer verträglich sind und Kopfschmerzen hervorrufen.

Entzugskopfschmerzen

Starker Kaffeegenuss kann zu so genannten Entzugskopfschmerzen führen. Trinken Sie Kaffee daher nicht literweise. Denken Sie doch an dieser Stelle einmal an eine gute Tasse Kaffee, an den Duft, den Geschmack, die Farbe, Ihre Lieblingstasse und schaffen Sie eine gemütliche Atmosphäre.
Zur Abrundung des Genusses darf auch ein köstliches Stückchen Gebäck dabei sein. Genießen Sie so Ihren Kaffee in Maßen. Dann bekommt er Ihnen auch gut und verursacht keine Kopfschmerzen.

Eine Migräneattacke ist meist äußerst heftig. Mit ihr gehen die verschiedensten Begleitbeschwerden einher.

Migräne – unsichtbarer Quälgeist

Wie viele Schmerzformen wird auch die Migräne von den Betroffenen sehr unterschiedlich beschrieben. Gemeinsam ist den Migräneattacken jedoch, dass sie äußerst heftig sein können. Dadurch wird der normale Lebensablauf erheblich gestört. Vielfach tritt die Migräne auch mit Begleitbeschwerden wie Sprachstörungen, Taubheitsgefühl in den Beinen und Sehstörungen auf. Flimmern vor den Augen, blinde Flecken, leuchtende Zacken, Sterne oder Gebilde wie blitzendes Stanniolpapier sind ebenso typisch. Auch Übelkeit und Erbrechen sind häufig. Der Migräneanfall macht zudem sehr lärm- und lichtempfindlich.

Migräneschmerzen treten meist überfallartig auf.

Nur vorbeugen hilft

Die folgenden auslösenden Reize für derartige Attacken haben sich in Untersuchungen und durch Befragung vieler Migräneleidender herauskristallisiert: Aufregung, Übermüdung, Stress, bestimmte Lebensmittel wie Schokolade, Käse, Rotwein, Geschmacksverstärker (z. B. Glutamat), die in vielen Fertigprodukten enthalten sind, Wetterwechsel, starke Hitze, Temperaturwechsel wie in der Sauna, hormonelle Schwankungen, grelles Licht und Lärm. Warum bekommt der eine Migräne und der andere nicht? Diese Frage kann nicht eindeutig

Die Ursachen der Migräne sind nicht behandelbar. Das beste Mittel gegen einen Anfall ist die Vorbeugung. Versuchen Sie deshalb, die Auslösefaktoren zu vermeiden.

WIE BEUGT MAN MIGRÄNE VOR?

- Schreiben Sie auf, wodurch Ihre Migräne ausgelöst worden ist. Notieren Sie Ihre Kopfschmerzen in ein Tagebuch: Wann, wie und wo habe ich Kopfschmerzen? Schreiben Sie möglichst viermal täglich Ihre Empfindungen in dieses Tagebuch (ein Tagebuch ist übrigens auch bei anderen Schmerzen sinnvoll).
- Gehen Sie zu vernünftigen Zeiten schlafen und bleiben Sie auch am Wochenende nicht zu lange im Bett.
- Essen Sie mehrere kleine Mahlzeiten gleichmäßig über den Tag verteilt.
- Treiben Sie regelmäßig leichten Sport zur Entspannung, z. B. Schwimmen, Radfahren oder Wandern.
- Sorgen Sie für einen ausgeglichenen, regelmäßigen Tagesablauf.
- Sagen Sie auch einmal Nein, und lassen Sie sich zu nichts drängen: Zu viele Verpflichtungen bringen Stress und Hektik mit sich.
- Vielleicht sagt Ihnen ein Entspannungstraining zu. Kurse werden von vielen Volkshochschulen angeboten. Später können Sie das Gelernte zu Hause weiter üben.
- Gönnen Sie sich Pausen am Arbeitsplatz und zu Hause.
- Versuchen Sie, auch in unangenehmen Situationen gelassen zu bleiben.

Wenn die Migräne Sie erwischt, sollten Sie gelassen darauf reagieren und nicht verkrampft sein.

beantwortet werden. Aus medizinischer Sicht wird eine gewisse Vererbbarkeit der Erkrankung vermutet.
Migräneanfällen sind Sie weniger hilflos ausgeliefert, wenn Sie sie sozusagen »kommen sehen«. Kämpfen Sie nicht dagegen an, sondern bleiben Sie so gelassen wie möglich. Mit etwas Geduld werden Sie schnell lernen, mit Ihrer Migräne richtig umzugehen.

Achtung, Attacke!

Wenn die Migräneattacke Sie überfällt, suchen Sie möglichst einen ruhigen, abgedunkelten Raum auf, wo Sie sich hinlegen können. Versuchen Sie, sich zu entspannen. Als Sofortmaßnahme helfen kühle Umschläge auf Kopf und Stirn. Damit Sie dieser Situation nicht »ausgeliefert« sind, besprechen Sie möglichst bald mit Ihrem Arzt, welches Medikament Sie in akuten Fällen nehmen können.

MIGRÄNE – WORAN ERKENNE ICH SIE?

Achten Sie auf diese Symptome:

- Anfallartiger Kopfschmerz
- Halbseitig beginnend
- Häufig mit Übelkeit und Erbrechen einhergehend
- Erhöhte Lichtempfindlichkeit
- Erhöhte Lärmempfindlichkeit
- Pulsierende, drückende, bohrende Schmerzen
- Starke Schmerzen, die bei körperlicher Aktivität zunehmen
- Dauer des Anfalls 4 bis 72 Stunden
- Im Durchschnitt ein bis vier Anfälle pro Monat
- Begleiterscheinungen, z. B. Sprachstörungen, Sehstörungen, Taubheitsgefühl in den Beinen, Flimmern vor den Augen
- Appetitlosigkeit

Kopfschmerzen durch Nebenhöhlenentzündung

Als Begleiterscheinung von Schnupfen und Erkältungskrankheiten rufen Nebenhöhlenentzündungen (Sinusitis) äußerst unangenehme und starke Kopfschmerzen hervor. Bakterien und Viren sind für die Entzündung der Nebenhöhlen verantwortlich. Sie bringen die Schleimhäute zum Anschwellen und verhindern den Abfluss von Schleimhautsekreten. Ein enormer Druck entsteht, der sich durch Schmerzen in der Stirn, über den Augen, in den Wangenknochen und im gesamten Kopf äußern kann. Bei einer chronischen Nebenhöhlenentzündung gibt es kaum Anzeichen für einen Schnupfen, sodass Sie die Ursache der Schmerzen zunächst nicht mit einer möglichen Infektion in Verbindung bringen.

Bei pochenden Schmerzen in Stirn, Wangen und Nacken sowie Fieber sollten Sie unbedingt Ihren Arzt zurate ziehen.

Nebenhöhlenentzündungen können durch Tauchen, Schwimmen und auch kranke Zähne begünstigt werden. Vielleicht sehen Sie selbst schon einen Zusammenhang. Eine derartige Erkrankung der Nebenhöhlen ist keineswegs eine Bagatellerkrankung. Unmerklich kann daraus eine schmerzhafte Mittelohrentzündung, Lymphdrüsenentzündung oder Knochenmarksentzündung werden. Im Falle einer bakteriellen Infektion bringen geeignete Antibiotika sehr gute Erfolge. Eine Linderung der Schmerzen erreichen Sie durch leichte Kopfschmerzmittel.

Was Sie zu Hause tun können

- Dampfbäder mit Kamille, Lindenblüte, Pfefferminze oder Salbei.
- Schwache Kochsalzlösungen – Kochsalz in warmem Wasser auflösen – mehrmals täglich in die Nase ziehen und wieder hinausschnupfen. Vielleicht ist diese Methode zunächst etwas ungewohnt. Sie bringt jedoch erhebliche Erleichterung. Ein Versuch lohnt sich.

Ein Dampfbad oder ein Saunagang mit natürlichen ätherischen Ölen lindert die Beschwerden einer Nebenhöhlenentzündung.

- Als vorbeugende Maßnahme ist die allgemeine Stärkung der Abwehrkräfte sinnvoll. Essen Sie viel Obst und Gemüse, gehen Sie oft an die frische Luft – auch bei schlechtem Wetter. Und wenn Sie Zeit und Lust haben, genießen Sie ein paar Stunden in der Sauna.
- Sorgen Sie für feuchte Raumluft und trinken Sie reichlich Wasser oder Tee. Damit fördern Sie den Abfluss der Nebenhöhlensekrete.

Die Nebenhöhlen der Nase sind Hohlräume in den Gesichtsknochen; sie liegen neben, hinter und über der Nase. Die Stirnhöhlen zählen ebenfalls zu den Nasennebenhöhlen.

Was hat die Seele mit den Nebenhöhlen zu tun?

Jeder hat wohl schon einmal eine Situation erlebt, in der er »die Nase gründlich voll« hatte. Achten Sie doch einmal darauf, ob die Beschwerden genau dann auftreten, wenn Sie erhöhtem Stress und psychischen Belastungen ausgesetzt sind. Probieren Sie aus, ob Ihnen Entspannung helfen kann. Versuchen Sie, auch das Problem ausfindig zu machen, das Ihnen »die Nase verstopft«. Sie mögen es vielleicht für unwahrscheinlich halten, dass hier Zusammenhänge bestehen, viele Erfahrungsberichte von Hausärzten haben dies jedoch bestätigt.

Neben den beeinträchtigenden Schmerzen kann mit der Sinusitis auch allgemeine Abgeschlagenheit und Müdigkeit einhergehen. Gönnen Sie Ihrem Körper jetzt etwas Ruhe und Wärme. Kämpfen Sie nicht mit aller Macht gegen diese »harmlose Erkältung« an. Denken Sie daran, dass Ihr Körper ein gut funktionierendes Warnsystem hat und Sie wahrscheinlich um weniger Stress bittet. Haben Sie deshalb ein Einsehen mit Ihrem Körper und freuen Sie sich, dass er Ihnen sonst so gute Dienste tut.

Behandlungsmöglichkeiten

Eine medikamentöse Behandlung sollte immer mit dem Arzt abgestimmt werden, insbesondere dann, wenn Sie noch weitere Medikamente einnehmen. Schmerzmittel wie Parazetamol, Azetylsalizylsäure oder Ibuprofen (siehe Seite 35f) können kurzzeitig hilfreich sein. Auch Rheumamittel (siehe Seite 39) können Kopfschmerzen lindern. Manchen Patienten hilft bei Clusterkopfschmerzen die so genannte Sauerstoffinhalation. Behandlungsversuche mit pflanzlichen Mitteln bringen oft gute Erfolge. Probieren Sie es aus. Vielleicht hilft Ihnen Pfefferminzöl, das Sie auf Stirn und Schläfen auftragen. Auch Kapsaizin-Tropfen können Migräne lindern. Johanniskraut hat

Pflanzliche Mittel müssen über einen längeren Zeitraum eingenommen werden, damit sie ihre Wirksamkeit voll entfalten können.

NATÜRLICHE HEILVERFAHREN

Gegen Kopfschmerzen helfen:

- Akupressur
- Akupunktur
- Ausleitende Verfahren (Einläufe, Bittersalz)
- Heilfasten
- Kneippkuren
- Chirotherapie
- Autogenes Training
- Yoga
- Homöopathie
- Hypnose
- Neuraltherapie
- Reflexzonentherapie
- Psychotherapie

Entspannungsübungen, z.B. Meditation, Yoga, autogenes Training, beugen Schmerzzuständen vor oder lindern akute Schmerzen.

Neben der medikamentösen Behandlung haben bei Nasennebenhöhlenentzündungen auch Therapien mit Pflanzenwirkstoffen gute Erfolge erbracht. Ein Versuch lohnt sich auf jeden Fall.

einen positiven Einfluss auf die Stimmung und kann zu Ihrer Entspannung beitragen. Kava-Kava (Rauschpfeffer) beruhigt bei Angst und Spannungen.

Natürliche Heilmethoden

Naturheilverfahren können wesentlich zur Linderung Ihrer Beschwerden beitragen, vorausgesetzt, Sie arbeiten aktiv mit. Allerdings müssen Ihnen diese Behandlungsmaßnahmen auch zusagen, sodass Sie sie gerne durchführen. Besprechen Sie daher mit Ihrem Arzt, welche Methode für Sie die richtige ist. Er wird Ihnen verschiedene Vorschläge machen, und Sie können sich dann gemeinsam für ein Verfahren entscheiden.

Psychotherapie

Noch eine Anmerkung zur Psychotherapie: Häufig wird der Schritt zu dieser Behandlung gescheut, da der Eindruck entstehen könnte, man sei verrückt oder bilde sich die Schmerzen nur ein. Beides ist jedoch falsch. Es ist Ihr eigenes, gut funktionierendes Warnsystem, das Ihnen sagen möchte »Hier stimmt etwas nicht!« Etwas macht Ihnen im wahrsten Sinne des Wortes Kopfzerbrechen und fordert damit eine Lösung. Um diese zu finden, brauchen Sie manchmal einen Wegweiser – und dieser kann ein Psychotherapeut sein.

Nacken-, Schulter- und Rückenschmerzen

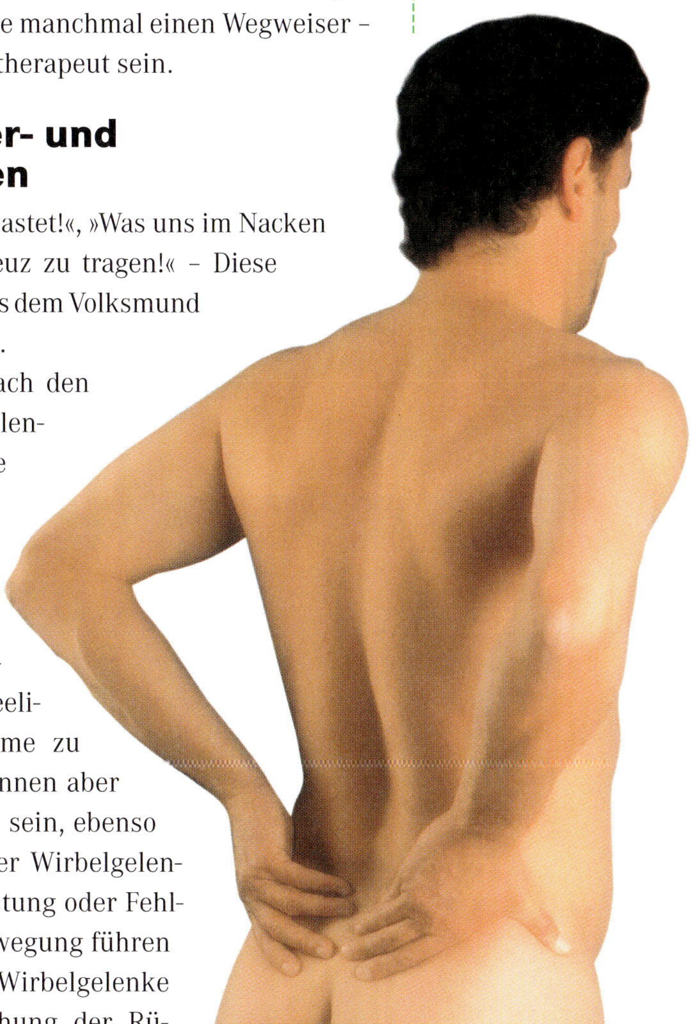

»Was uns auf den Schultern lastet!«, »Was uns im Nacken hängt!«, »Jeder hat sein Kreuz zu tragen!« – Diese Liste der Redewendungen aus dem Volksmund ließe sich beliebig fortsetzen.
Tatsache ist, dass gleich nach den Kopfschmerzen Wirbelsäulenbeschwerden als häufigste Ursache von chronischen Schmerzen anzusehen sind. Etwa 80 Prozent der deutschen Bevölkerung leiden unter Rückenschmerzen, denen oftmals eher seelische als physische Probleme zu Grunde liegen. Auslöser können aber auch entzündliche Prozesse sein, ebenso Verschleißerscheinungen der Wirbelgelenke. Jahrelange falsche Belastung oder Fehlhaltung und mangelnde Bewegung führen zu einer Abnutzung der Wirbelgelenke und gleichzeitiger Schwächung der Rückenmuskulatur. Damit wird ein Teufelskreis in Gang gesetzt, der in Deutschland für die meisten Fälle von Arbeitsunfähigkeit, Berufsunfähigkeit und Frührente verantwortlich ist.
Rückenschmerzen werden aber nicht nur durch die Wirbelsäule selbst oder die umliegende Muskulatur verursacht. Auch

Schmerzen im Rückenbereich sind meist das Resultat einer Fehlhaltung oder Überbelastung.

Störungen des Darms, Magengeschwüre und Nierenerkrankungen können zu Schmerzen im Rücken führen, bei Männern außerdem Prostataleiden, bei Frauen Periode und Schwangerschaft. Eine Störung der Gallenfunktion oder bestehende Gallensteine können seitlich in den Rücken ausstrahlen und dort Schmerzen verursachen. Ein Herzinfarkt kann ebenfalls mit starken Rückenschmerzen einhergehen.

Muskelverspannung

Sport - so gesund er ansonsten auch sein mag - kann durch falsche Körperhaltung Muskelverspannungen verursachen.

Wie jeder weiß, können Muskelverspannungen derart starke Schmerzen verursachen, dass die Bewegungsfähigkeit erheblich eingeschränkt ist. Schwere körperliche Arbeit, falsche Körperhaltung, z. B. am Arbeitsplatz, beim Sport (Tennis, Fußball, Squash, Krafttraining), aber auch Dauerstress und seelische Belastungen führen zu einer Verspannung der Muskeln. Dadurch schmerzt der Rücken. Kommt vielleicht einer dieser Auslöser bei Ihnen infrage und verursacht auch Ihre Rückenschmerzen?

Fragen Sie sich bei anhaltender oder sehr häufig vorkommender Muskelverspannung, ob Ihnen etwas auf der Seele liegt. Erfahrungsberichte von Hausärzten und Orthopäden bestätigen die Annahme, dass seelische Belastungen hier eine Rolle spielen können.

Wenn verschiedene Behandlungsmaßnahmen keinen Erfolg bringen und Sie das Gefühl haben, dass Ihnen kein Arzt helfen kann, liegt die Ursache Ihrer Beschwerden wahrscheinlich im seelischen Bereich.

Überlegen Sie doch einmal in Ruhe, welche Störfaktoren es zur Zeit in Ihrem Leben gibt. Wenn Sie ganz ehrlich zu sich selbst sind, werden Sie eine, wenn nicht gar mehrere Antworten finden. Vielleicht möchten Sie etwas ändern? Was hindert Sie daran, es auch zu tun? Haben Sie sich schon einmal Alternativen für bestimmte Dinge überlegt?

Vermeiden Sie beim Sport Fehlhaltungen und Überanstrengungen. So beugen Sie Muskelverspannungen vor.

Was kann sich ändern?

Vielleicht werden Sie sich an dieser Stelle fragen, wie Sie Ihr Leben denn ändern sollen. Schließlich ist die Arbeit ein notwendiges Übel, den heiß geliebten Sport möchte man um keinen Preis aufgeben und auch die seelischen Probleme scheinen sich nicht lösen zu lassen. Diese Einwände sind sicher berechtigt, aber Sie müssen ja auch nicht gleich Ihr ganzes Leben auf den Kopf stellen.

Es hilft schon, wenn Sie in ganz kleinen Schritten vorankommen. Legen Sie bei der Arbeit öfter kleine Pausen ein, in denen Sie Ihre Körperhaltung verändern und sich ein wenig recken und strecken. Überprüfen Sie auch Ihren Arbeitsplatz, z. B. ob Ihr Stuhl die passende Höhe hat, ob der Bildschirm in der richtigen Entfernung steht usw.

Muskelschmerzen sind in der Regel das Ergebnis falscher Körperhaltungen, z. B. am Arbeitsplatz, oder der Überbeanspruchung einzelner Muskeln oder Muskelpartien, z. B. beim Sport. Nur in seltenen Fällen weisen Muskelschmerzen auf eine schwerwiegende Krankheit hin.

Sport in der richtigen Dosis

Was Ihren Sport betrifft, so könnte sicher ein erfahrener Sportmediziner hilfreiche Tipps geben. Vielleicht haben sich im Laufe der Jahre Fehler im Bewegungsablauf eingeschlichen, die zu

Verspannungen führen. Kleine Korrekturen, d.h. gymnastische Übungen, die beharrlich durchgeführt werden, können hier schon Wunder wirken.

Ein Bandscheibenvorfall ist äußerst schmerzhaft.

Bandscheibenvorfall

Schädigungen der Bandscheiben können auch zu chronischen Rückenschmerzen führen. Die Bandscheiben sitzen sozusagen als Knorpelpuffer zwischen den einzelnen Wirbelkörpern der gesamten Wirbelsäule. Infolge von Umwelteinflüssen, starker Belastungen oder Fehlhaltungen kann die Knorpelhülle geschädigt werden. Durch eine ruckartige Bewegung kann es dann zum so genannten Bandscheibenvorfall kommen: Die Hülle des Knorpels reißt ein und die Knorpelmasse wird herausgepresst. Dadurch entsteht ein Druck auf die umliegenden Nervenwurzeln, der äußerst starke, vielen von uns leider nur zu wohl bekannte Schmerzen hervorruft.

Mitverantwortlich für diese starken Schmerzen sind entzündliche Prozesse und Gewebeschwellungen. Diese können auch dann gravierend sein, wenn der eigentliche Bandscheibenvorfall gar nicht so groß ist. Umgekehrt können größere Bandscheibenvorfälle ziemlich schmerzlos verlaufen, wenn keine begleitende Entzündung entsteht. Zur akuten Behandlung eines Bandscheibenvorfalls müssen Sie unbedingt Ihren Arzt aufsuchen oder, wenn Sie selbst nicht in der Lage sind in die Praxis zu kommen, bitten Sie Ihren Arzt um einen Hausbesuch.

Zur akuten Behandlung eines Bandscheibenvorfalls müssen Sie Ihren Arzt aufsuchen.

In den meisten Fällen ist ein Bandscheibenvorfall eindeutig festzustellen und mit Schmerzmitteln, entzündungshemmenden und muskelentspannenden Medikamenten, gut zu behandeln. Zusammen mit dieser Behandlung werden Ihnen ein paar Tage Bettruhe in Rücken- oder Seitenlage mit angewinkelten Hüft- und Kniegelenken (Stufenlagerung) eine deutliche Verbesserung der Beschwerden verschaffen. Danach sind Sie wieder fit. Und bitte, verlieren Sie Ihre gute Stimmung nicht, seien Sie optimistisch und suchen Sie nach vorbeugenden Maßnahmen, die Ihnen »den Rücken stärken«.

Hexenschuss

In der Fachsprache wird der so genannte Hexenschuss mit Lumbago bezeichnet. Er kommt plötzlich mit stechenden, schneidenden Schmerzen und strahlt bis ins Bein aus oder verursacht zum Teil auch Schmerzen im Brustbereich. Auch hier können Fehlhaltungen, Überanstrengungen oder einfach eine ungewohnte Bewegung die Auslöser sein. Wärmebehandlung tut bei Hexenschuss meist sehr gut. Versuchen Sie es mit einer Wärmflasche, mit einem warmen Bad, einer Wolldecke usw. Halten Sie Ihre Schwachstelle immer ein wenig warm. Ver-

Ernährungsratgeber geben Ihnen wertvolle Tipps, wie Sie belastende Pfunde zuverlässig loswerden. Sprechen Sie auch mit Ihrem Arzt über eine geeignete Diät.

Eine trainierte Muskulatur entlastet Wirbelsäule und Gelenke nachhaltig.

spannungen werden durch Kälte begünstigt. Achten Sie auf warme Füße und vermeiden Sie Zugluft. Auch die Rückenschule kann die Hexenschussanfälligkeit vermindern. Fragen Sie aber auf jeden Fall Ihren Arzt, wenn Sie oft durch diese attackenartigen Schmerzen lahm gelegt werden. Es könnte ein Bandscheibenschaden, eine Wirbelsäulenschädigung oder ein anderes organisches Leiden dahinter stecken.

Körpergewicht und Rückenbeschwerden

Übergewicht belastet nicht nur Herz und Kreislauf, sondern auch die Gelenke und den Rücken. Was sagt Ihre Waage zu den Rückenbeschwerden? Gibt es hier möglicherweise einen Zusammenhang? Wenn Sie der Meinung sind, dass Sie Ihr Gewicht reduzieren sollten, wäre dies sicherlich ein wesentlicher Schritt zur Verbesserung Ihrer Rückenschmerzen.

Trainieren Sie Rücken- und Bauchmuskulatur durch Bewegung und Sport. Gestärkte Muskeln entlasten und stützen die Wirbelsäule. So können Sie Rückenschmerzen wirkungsvoll vorbeugen – garantiert ohne Nebenwirkungen.

Kreuzdarmbeingelenk

Das Kreuzdarmbeingelenk (Iliosakralgelenk) ist eigentlich gar kein richtiges Gelenk. Vielmehr handelt es sich um Knochenfugen, die im unteren Bereich des Rückens sitzen. Das Iliosakralgelenk oder Kreuzdarmbeingelenk ist deshalb erwähnenswert, weil es ebenfalls erhebliche Schmerzen verursachen kann. Diese treten nicht immer direkt im Bereich des Gelenks auf, sondern strahlen in viele Richtungen aus und geben deshalb häufig Rätsel auf. Frauen können diese Schmerzerscheinungen leicht für Unterleibsschmerzen halten. Lassen Sie die Beschwerden vom Arzt klären. Wenn das Iliosakralgelenk Probleme macht, können diese auch durch eine gezielte Krankengymnastik deutlich gebessert werden.

Schwachstelle Ischiasnerv

An plötzlichen und sehr heftigen Schmerzen kann auch der Ischiasnerv schuld sein. Sie ziehen von der Lendengegend aus einseitig ins Bein und sogar bis in den Fuß. Ein Bandscheibenvorfall (siehe Seite 68) kann den Ischiasnerv reizen. Ebenso können Veränderungen der Wirbelknochen dies tun. Diese körperlichen Ursachen sollten Sie unbedingt klären lassen, damit eine wirkungsvolle Behandlung erfolgen kann.

Osteoporose

Der normale Alterungsprozess des Menschen bringt auch langsame Veränderungen der Knochensubstanz mit sich. Krankhaft ist erst die extreme Knochenentkalkung, die so genannte Osteoporose. Sie verursacht Schmerzen und führt zu einer erheblichen Einschränkung der Beweglichkeit. Wegen der angegriffenen Knochenstruktur sind Brüche, u. a. der Wirbel, häufig. Rundrücken und chronische Schmerzzustände sind keine Seltenheit. Überwiegend sind Frauen nach den Wechseljahren betroffen. Der sich verändernde Hormonhaushalt, insbesondere die geringere Produktion von Östrogenen, ist dafür mit verantwortlich.

Im Alter von 75 Jahren hat beinahe die Hälfte aller Frauen mindestens einen Knochenbruch erlitten, der auf Osteoporose zurückgeführt werden kann.

Erhöhen Sie die Kalziumzufuhr: 800 bis 1000 Milligramm sollten Sie täglich zu sich nehmen. Ein Liter Milch oder 100 Gramm Hartkäse decken den Tagesbedarf.

WERDEN SIE AKTIV!

Gehen Sie am besten regelmäßig spazieren und achten Sie immer bewusst auf Ihre Haltung im Stehen und auch im Sitzen! Versuchen Sie herauszufinden, welche Haltung für Sie am bequemsten ist! Gehen und sitzen Sie möglichst locker, aber immer aufrecht. Atmen Sie öfter einmal ganz tief durch und recken und strecken Sie sich!

Dies sind nur ganz einfache Möglichkeiten, die Sie ja zunächst einmal ausprobieren können. Wenn Sie merken, dass diese einfachen Übungen Ihnen schon gut tun, dann lohnt es sich bestimmt, diesen Weg weiter zu verfolgen.

Mithilfe des UV-Lichts können im Körper vorhandene Vorstufen des Vitamins D in der Haut in das eigentliche Vitamin umgewandelt werden. Ein täglicher Spaziergang dient daher nicht nur der Entspannung und Bewegung, sondern unterstützt auch die Vitaminversorgung.

Wirksame Schmerzmittel

Bei bestehender Osteoporose sollten die Schmerzen ausreichend behandelt werden. Hierzu ist nach den neuesten Behandlungsempfehlungen der Weltgesundheitsorganisation in drei Stufen vorzugehen: einfache Schmerzmittel, schwach wirksame Opioide, stark wirksame Opioide. Das Hormon Kalzitonin kann wegen seiner starken schmerzlindernden Wirkung ebenfalls eingesetzt werden. Verschiedene schmerztherapeutische Maßnahmen können auch hier Erleichterung bringen.

Gleichzeitig sollten Sie aber auch sehr auf Ihre Ernährung achten. Führen Sie Ihrem Körper reichlich Kalzium und Vitamin D zu. Kalziumreiche Nahrungsmittel sind Milch und Milchprodukte, Fenchel, Brokkoli und Kohlsorten, Sesam und Haselnüsse. Zur Unterstützung Ihrer Ernährung gibt es Kalziumbrause- oder kautabletten, die Sie u.a. in Ihrer Apotheke oder im Reformhaus kaufen können. Vitamin D ist überwiegend in Fisch enthalten. Sie können aber auch Vitamin-D-Präparate aus der Apotheke verwenden.

Möglichkeiten zur Vorbeugung

Damit die Osteoporose möglichst vermieden oder zumindest ihr Fortschreiten hinausgezögert wird, sind einige vorbeugende Maßnahmen sinnvoll.
Achten Sie schon frühzeitig darauf, dass Ihre Nahrung viel Kalzium und Vitamin D enthält. Auch Sojaprodukten wird eine vorbeugende Wirkung zugeschrieben. Sojaprodukte können Sie in einer reichen Auswahl wohlschmeckender Zubereitungen im Reformhaus kaufen. Sorgen Sie immer für genügend Bewegung. Dadurch bleibt die Knochenmasse besser erhalten und Sie bleiben mobil.

Denken Sie daran, dass es einige organische Erkrankungen gibt, die sich als Rückenschmerzen ankündigen oder äußern. Suchen Sie daher bei anhaltenden Schmerzen Ihren Arzt auf.

Selbsthilfe

Werden Sie aktiv – in vielen Fällen sind Rückenschmerzen nämlich gut behandelbar. Sie können selbst sehr viel dagegen tun und mit etwas Geduld und unter ärztlicher Anleitung die Schmerzen bewältigen und die Beschwerden nachhaltig verringern. Einen Versuch wäre es im Interesse Ihres Wohlbefindens doch wert. Stellen Sie sich vor, Sie hätten keine Schmerzen mehr. Was würden Sie dann gerne tun? Wie viel mehr Lebensfreude würden Sie gewinnen?
Besprechen Sie mit Ihrem Arzt ganz genau Ihre Schmerzen. Er wird Ihnen wichtige Fragen stellen und Sie untersuchen, um herauszufinden, ob eventuell körperliche Ursachen zu Grunde liegen.
Schon minimale Verschiebungen des Knochengerüstes oder ein wenige Millimeter kürzeres Bein können enorme Schmerzen mit sich bringen. Mit einem angepassten Schuh, einer guten Matratze und einem den Rücken unterstützenden Stuhl erreichen Sie schon sehr viel Besserung.
Wenn sich eindeutig herausgestellt hat, dass Ihre Rückenschmerzen »nur« auf Fehlhaltungen beruhen, sollten Sie auf jeden Fall aktiv werden.

Gezielte Übungen stärken die Muskeln im Bauch, im Rücken und in den Schultern.

Krankenkassen und örtliche Volkshochschulen geben Ihnen zum Thema Rückenschule Auskunft.

Rückenschule

Durch gezielte Übungen unter Anleitung erfahrener Bewegungstherapeuten können Sie lernen, wie Sie die Rücken-, Bauch- und Schultergürtelmuskulatur stärken. Dadurch geben Sie Ihrem Körper insgesamt mehr Halt. Sehr gut bewährt haben sich seit Jahren die so genannten Rückenschulen. Erkundigen Sie sich am besten bei Ihrer Krankenkasse oder der örtlichen Volkshochschule danach. Sicher weiß auch Ihr Hausarzt oder Orthopäde, wo Sie an einer solchen Schulung teilnehmen können.

Mit großer Wahrscheinlichkeit wird es Ihnen gelingen, die Beschwerden und die Begleiterscheinungen der Schulter-, Nacken- und Rückenschmerzen loszuwerden. Zudem gewinnen Sie dadurch mehr Lebensqualität und neue Lebensfreude. Probieren Sie es aus.

Medizinische Behandlung

Als vorübergehende Maßnahme bei starken Schmerzen können Sie sich natürlich auch mit Schmerzmitteln etwas Erleichterung verschaffen. Besprechen Sie am bestem mit Ihrem Arzt, welches Medikament Sie nehmen können und wie lange. Die Chirotherapie kann bei Schulter-, Nacken- und Rückenschmerzen ebenfalls hilfreich sein. Sie sollten sich aber einen sehr erfahrenen Chirotherapeuten suchen und Ihre Schmerzen genau beschreiben. Schildern Sie so exakt wie möglich den Verlauf Ihrer Beschwerden. Danach erst kann die Entscheidung für eine chirotherapeutische Maßnahme getroffen werden.

Physiotherapeutische Methoden wie Fangopackungen, Massage oder Krankengymnastik können unterstützend wirken, weil sich die Muskelverspannungen dadurch lösen lassen. Ihr Arzt wird Ihnen dazu den richtigen Rat geben.

Auch Hausmittel haben durchaus ihre Berechtigung. Selbst erfahrene Ärzte raten häufig dazu, denn Hausmittel haben sich bei

WIRKSAME HAUSMITTEL

- Genießen Sie ein warmes Bad mit entspannenden Zusätzen (es gibt eine große Auswahl in den Apotheken) wie Lavendel, Melisse, Heublume, Hopfen usw.
- Legen Sie eine Wärmflasche auf die verspannte, schmerzende Schulter oder auf die schmerzende Rückenpartie.
- Ein Dinkelkissen oder Kirschkernkissen hat wohltuende Wirkung, weil es leicht massiert und Druck ausübt im Sinne der Akupressur.
- Ein warmes Fußbad tut gut und entspannt, insbesondere bei erkältungsbedingten Beschwerden.
- Die Wärme eines Schaffells kann Linderung bringen.

Wärme hilft ganz allgemein! Ob ein warmes Bad, eine Wärmflasche oder warme Fußbäder sie alle sind wirksame Hausmittel bei der Schmerzbekämpfung.

zahlreichen Beschwerden gut bewährt, sind kostengünstig und haben keine Nebenwirkungen. Probieren Sie sie doch einfach einmal aus, bevor Sie zu »härteren« Maßnahmen übergehen. Und noch etwas: Vielleicht brauchen Sie einfach einmal etwas Ruhe. Gönnen Sie sich einen faulen Abend, genießen Sie nur das, was Ihnen Freude macht. Auch ein ganzer Sonntag kann der Entspannung dienen, ganz ohne Verpflichtungen und Stress. Wie wäre es? Probieren Sie es doch einmal aus.

Rheumaschmerzen

Das medizinische Wörterbuch beschreibt Rheumatismus als eine veraltete und ungenaue Bezeichnung für Beschwerden des Bewegungsapparates mit fließenden, reißenden und ziehenden Schmerzen. Unter dem Begriff Rheuma sind heute rund 450 verschiedene Krankheitsbilder zusammengefasst. Hierunter werden entzündliche, verschleißbedingte und auch psychosomatische Beschwerden beschrieben.

VORBEUGENDE MASSNAHMEN

Bei Arthritis

- Vegetarische Kost bevorzugen
- Auf regelmäßige Bewegung achten
- Körpergewicht kontrollieren

Bei Osteoarthrose und Weichteilrheumatismus

- Arbeitsplatz ergonomisch anpassen
- Keine Sportarten mit abrupten und einseitigen Bewegungen

Bei Gicht

- Erbliche Vorbelastung frühzeitig überprüfen
- Purinhaltige Nahrungsmittel wie Fleisch, Ölsardinen, Sardellen, Soja, Hülsenfrüchte und Alkohol meiden

Rheuma ist keineswegs eine Erkrankung, die erst mit fortgeschrittenem Lebensalter auftritt. Auch jüngere Menschen können unter Rheumaschmerzen leiden.

Rheuma und seine speziellen Formen erscheinen häufig als Schmerzen, die viele Körperteile (Gelenke, Muskeln, Bänder, Bindegewebe) befallen können. Besonders nachts und am Morgen sind die Schmerzen so ausgeprägt, dass auch das Aufstehen schwerfällt.

Polyarthritis

Wenn vorwiegend die Gelenke Schmerzen bereiten und die Bewegungsfähigkeit eingeschränkt ist, spricht man von Polyarthritis. Insbesondere das Aufstehen am Morgen fällt schwer, weil die Gelenke steif sind und schmerzen. Manchmal schwellen auch die Finger und Zehen an. Die Polyarthritis zählt zu den rheumatischen Beschwerden, die mit einem entzündlichen Prozess in den Gelenken einhergehen. Bevor Sie sich Tag für Tag mit Schmerzmitteln »über Wasser halten«, sprechen Sie mit Ihrem Arzt über sinnvolle Behandlungsmöglichkeiten. Im Mittelpunkt stehen dabei zwei Bestrebungen, einerseits Ihre Beschwerden zu lindern, andererseits das Fortschreiten der Erkrankung aufzuhalten.

Diät kann helfen

Maßgebliche Unterstützung können Sie dabei selbst leisten. Überprüfen Sie einmal ganz ehrlich Ihre Lebensgewohnheiten und Ihre Ernährung. Es gibt nämlich zahlreiche Erfahrungsberichte von Ernährungsspezialisten und aus der Naturheilkunde, wonach zum Beispiel mit einer fleischlosen Ernährung gute Erfolge bei rheumatischen Erkrankungen erzielt worden sind. Nur keine Angst, Sie müssen deshalb keine strenge Diät halten. Es geht nur darum, Reizstoffe zu reduzieren, die Entzündungen und Schmerzen begünstigen können. Schränken Sie Ihren Fleisch- und Wurstkonsum ein und genießen Sie Alkohol und Kaffee nur in Maßen. Damit tragen Sie schon viel zur Linderung Ihrer Beschwerden bei.

Wenn Sie an einer rheumatischen Erkrankung leiden, sollten Sie auf Nahrungsmittel mit einem hohen Anteil an Arachidonsäure verzichten. Diese ungesättigte Fettsäure kommt in Pflanzenölen, tierischen Fetten und Leber in großen Mengen vor.

Arthrose

Die schmerzhaften Folgen eines Gelenkverschleißes werden als Arthrose bezeichnet. Häufig entstehen Entzündungen, wenn die Knorpelschicht des Knochens über lange Zeit abgenutzt wird. Dauernde und starke Belastungen der Gelenke,

Mit einem Gymnastikball lassen sich viele wirksame und einfache Übungen durchführen.

Auch Alkohol und Nikotin können eine Arthrose verursachen. Sie führen zu Stoffwechselveränderungen, woraus sich eine Arthrose entwickeln kann.

aber auch der natürliche Alterungsprozess führen dazu. Es können auch angeborene oder verletzungsbedingte Veränderungen der Gelenke sein, die zu ungleichmäßiger Belastung führen und den Verschleiß beschleunigen. Gelenkbelastende Sportarten und Übergewicht unterstützen diesen Vorgang. Versuchen Sie deshalb, diese Risikofaktoren möglichst zu vermeiden. Wenn die Knorpelschicht der Belastung nicht mehr standhalten kann, nicht mehr schnell genug nachwächst oder geschädigt ist, treffen die durch das Gelenk verbundenen Knochen direkt aufeinander. Dadurch werden die Nervenenden gereizt und ein heftiger Schmerz wird ausgelöst. Durch die ständige Reizung können die Schmerzen chronisch werden.

Gicht

Gicht wird leicht mit Arthritis verwechselt, da sie ähnliche Schmerzen verursacht. Die Gichtschmerzen verstärken sich nachts und am frühen Morgen. Sie treten oft zusammen mit Schwellungen und Rötung der Gelenke auf. Gicht ist aber weniger eine rheumatische Gelenkerkrankung, sondern eine

Wenn Sie unter Gicht leiden, sollten Sie Ihre Ernährung weitestgehend auf vegetarische Kost umstellen.

Stoffwechselstörung. Sie steht in Zusammenhang mit einer eingeschränkten Nierentätigkeit. Wenn Harnsäure vom Körper nicht in genügendem Maß ausgeschieden wird, bleiben Harnsäurekristalle in den Gelenken als Ablagerung haften und verursachen starke Beschwerden. Diese Stoffwechselstörung kann erblich bedingt sein. Es gibt aber auch wissenschaftliche Hinweise auf eine ernährungsbedingte Erkrankung. Menschen, die viel Fleisch und Innereien verzehren und Alkohol im Übermaß trinken, sind anfälliger für Gicht. Für den Einfluss der Nahrung spricht auch, dass eine Verbesserung der Beschwerden durch Ernährungsumstellung auf weitestgehend vegetarische Kost erzielt werden kann.

Weichteilrheumatismus

Auch Muskeln, Bänder und Sehnen können von Rheuma befallen sein. Man spricht in diesem Fall von Weichteilrheumatismus. Er betrifft alle weichen Teile des Bewegungsapparates. Beispiele dafür sind der »Tennisarm«, die Sehnenscheidenentzündung, oder auch das Schulter-Arm-Syndrom. Als Hauptursachen für diese Beschwerden sind einseitige Überbelastungen zu sehen. Die Schmerzen sind zumeist recht ausgeprägt und werden als brennend, ziehend und stechend beschrieben. Dass es überhaupt zu einem derartigen Schmerzzustand kommt, wird teilweise auf den Einfluss psychischen Drucks zurückgeführt. Ärger, Stress, familiäre Belastungen, Konflikte am Arbeitsplatz usw. führen über Muskelverspannungen zu dauernden Fehlhaltungen und damit auch zu einseitiger Überbelastung und Reizung der Nervenenden in den Weichteilen. Häufige Begleiterscheinungen dieser rheumatischen Erkrankung sind Schlafstörungen, Depressionen, Angstzustände, Beklemmungen, Kopfschmerzen, Schwellung der Hände und funktionelle vegetative Beschwerden wie Herzklopfen bis hin zu Herzrhythmusstörungen, Atemnot und Panikgefühl.

Der »Tennisarm«, eine Überbelastung der Muskeln, Bänder und Sehnen des Armes, ist ein typisches Beispiel für Weichteilrheumatismus.

Schmerzen versetzen den Körper in einen Spannungszustand. Entspannungstechniken lösen sowohl physische als auch psychische Anspannungen.

Weichteilrheumatismus ist eine äußerst langwierige Angelegenheit. Je früher Sie mit einer entsprechenden Behandlung oder Therapie beginnen, desto größer sind die Heilungschancen.

Behandlungsmöglichkeiten

Bei rheumatischen Schmerzen wird zumeist eine antientzündliche medikamentöse Behandlung durchgeführt. Manchmal reicht sie aber nicht aus und es müssen zusätzlich stärkere Schmerzmittel eingenommen werden. Ihr Arzt wird Ihnen hierfür die richtigen Mittel verordnen. Wichtig ist, dass Sie die Medikamente in der verordneten Dosierung und vor allen Dingen regelmäßig einnehmen. Sie erreichen auf diese Weise weitestgehende Schmerzlinderung. Als unterstützende Maßnahmen sind auch hier Entspannungstechniken wie autogenes Training oder Yoga zu empfehlen, da Schmerzen den Körper in einen gewissen Spannungszustand versetzen und auch die Stimmung dämpfen.

Und was spricht eigentlich gegen die Unterstützung durch einen Psychologen? Es ist doch zumindest ein Angebot, das Sie nutzen können und außerdem heutzutage salonfähig. Vielleicht können Ihnen die Gespräche helfen, so manche Hürde zu nehmen, Geduld für sich selbst aufzubringen und neue Lebensziele zu finden.

Polyneuropathie

Eine Behandlung im Frühstadium und die Beachtung einiger Regeln helfen am besten, den Krankheitsverlauf zu bremsen und die Beschwerden zu lindern.

Auch wenn die Nerven schon geschädigt sind, zeigen sich die Beschwerden anfangs noch relativ harmlos. Es beginnt mit Kribbeln, meist in den Füßen und manchmal auch in den Händen. Im weiteren Verlauf der Erkrankung, die in der Fachsprache als Polyneuropathie bezeichnet wird, entstehen starke Schmerzen in den Beinen und die Fußsohlen fühlen sich »brennend« an. Der Drang, die Füße zu bewegen, wird immer stärker. Tatsächlich stellt sich leichte Besserung ein, wenn man herumläuft oder die Füße kräftig reibt.

Spätestens in dieser Phase der Erkrankung muss der Arzt aufgesucht werden. Schreitet das Leiden nämlich weiter fort, sind die Nervenenden aufgrund ihrer Schädigung irgendwann nicht mehr in der Lage, Schmerzsignale aufzunehmen und an das Gehirn zu senden. Das Alarmsystem funktioniert dann nicht mehr und es kann unbemerkt zu schweren Infektionen und Geschwüren kommen, die das umliegende Gewebe und auch die Knochen in Mitleidenschaft ziehen.

Nicht selten ist in solchen Fällen eine Amputation erforderlich, die bei frühzeitiger Beachtung und Behandlung der Beschwerden vermeidbar gewesen wäre.

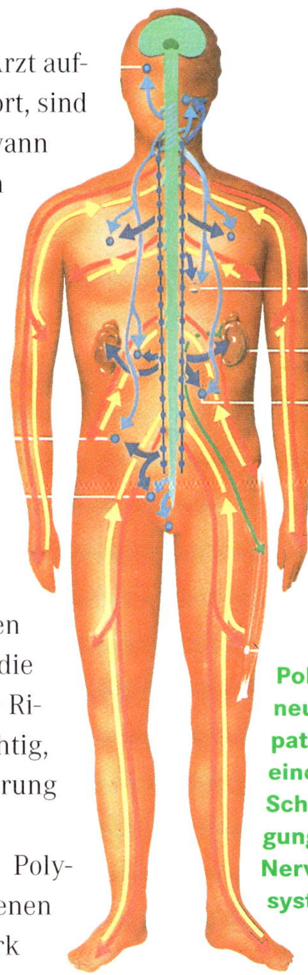

Polyneuropathie – eine Schädigung des Nervensystems.

Ursachen der Nervenschädigung

Für die Entstehung einer Polyneuropathie können unterschiedliche Faktoren verantwortlich sein. So ist die Zuckerkrankheit (Diabetes mellitus) ein wesentlicher Risikofaktor. Für Diabetiker ist es deshalb äußerst wichtig, dem Rat ihres Arztes zu folgen, wenn es um die Ernährung und die entsprechende Medikation geht.

Pflegen Sie Ihre Füße sehr sorgfältig, wenn Sie an Polyneuropathie leiden, am besten mithilfe einer erfahrenen Fußpflegerin. Vermeiden Sie drückendes Schuhwerk

Informieren Sie unbedingt Ihren Arzt darüber, welche Medikamente Sie in den letzten Jahren eingenommen haben!

WEITERE URSACHEN FÜR NERVENSCHÄDEN

- Schwerer Alkoholmissbrauch
- Bestimmte Medikamente
- Durchblutungsstörungen
- Leber- und Nierenerkrankungen
- Krebserkrankungen
- Erkrankungen des Immunsystems
- Vergiftungen durch Chemikalien im Haushalt oder am Arbeitsplatz

und selbst kleinste Verletzungen. Es können sich sonst leicht Infektionen entwickeln, die im vorgeschädigten Gewebe schlecht heilen.

Probleme mit den Beinen

Ältere Menschen, die unter Durchblutungsstörungen leiden, klagen häufig über »schwere Beine« oder Schmerzen beim Gehen. Aber auch Stehberufe, bei denen man den ganzen Tag »auf den Beinen« ist, oder Übergewicht können der Grund für Beschwerden in den Beinen sein. Hier seien als wichtigstes Beispiel die Krampfadern genannt, die nicht nur ein kosmetisches Problem darstellen, sondern auch eine ernsthafte Gefahr sein können.

Schwere Beine und Schmerzen beim Laufen

In vielen Fällen sind Durchblutungsstörungen die Ursache für Schmerzen in den Beinen. Die Schmerzen sind besonders in den Waden sehr stark und behindern das Laufen. Automatisch bleiben Sie häufig stehen, was eine kurze Erleichterung bringt. Diesem Krankheitsbild geht meist schon eine lange Entwicklung in den Arterien voraus, die Sie gar nicht bemerkt haben. Die ursprünglich elastischen Blutgefäße sind nämlich durch Ablagerungen von Fetten und Mineralien im Laufe der Jahre härter und zum Teil enger geworden. Das Blut fließt langsam und staut sich teilweise. Insbesondere beim Laufen strömt es zwar nach unten, aber nicht mehr genügend zum Herzen zurück. So werden die Beine schwer und schmerzen.

Seltsame Schaufensterkrankheit

»Schaufensterkrankheit« wird das Auftreten heftiger Wadenschmerzen genannt, die nach dem Gehen zum Stehenbleiben zwingen und wegen der in Ruhe noch ausreichenden Durchblutung der Muskulatur nach einigen Minuten verschwinden, um bei erneuter Belastung wieder aufzutreten. Ihren Namen hat diese Erscheinung daher, dass die Patienten das Abklingen der Schmerzen häufig vor Schaufenstern abwarten.

Richtige Ernährung ist wichtig

Die Bedeutung des Cholesterins im Zusammenhang mit Durchblutungsstörungen und Herz-Kreislauf-Erkrankungen wurde in den letzten Jahren immer mehr erkannt.
Das Cholesterin lagert sich innen an den Arterienwänden ab, deren Durchmesser wird kleiner, das Blut kann nicht mehr ungehindert durchfließen. Hohe Blutfettwerte gelten als Risikofaktor für Durchblutungsstörungen, die durch fettreiche Ernährung begünstigt werden. Auch Stress und Rauchen fördern die Entwicklung von Herz-Kreislauf-Erkrankungen.
Diabetiker und Menschen mit Gichtneigung sind durch ihre Grunderkrankung zusätzlich gefährdet und sollten ganz besonders auf ihre Lebensweise und Ernährung achten. Die wichtigsten vorbeugenden Maßnahmen sind: Wenig tierisches Fett, viel Bewegung und keinesfalls rauchen. Diese Regeln sind natürlich auch dann zu praktizieren, wenn Sie die Beschwerden schon haben. Auch wenn Ihr Arzt Ihnen eine medikamentöse Behandlung empfiehlt, können Sie den Erfolg Ihrer Bemühungen damit wesentlich unterstützen und wieder Freude am Gehen gewinnen.

Als »Schaufensterkrankheit« bezeichnet man ein Leiden, bei dem während des Laufens Schmerzen in den Waden auftreten. Um die Schmerzen wieder loszuwerden, bleiben viele Menschen vor Schaufenstern stehen – daher der Name.

Sobald Sie Probleme während des Laufens bemerken, sollten Sie aufmerken: Ein Arztbesuch sollte jetzt nicht mehr allzu lange geschoben werden!

Schieben Sie nichts auf die lange Bank!

Lassen Sie es möglichst nicht so weit kommen! Ihr Schmerzempfinden hat Sie doch schon über längere Zeit und sehr beharrlich gewarnt. Gehen Sie bei den ersten Anzeichen einer arteriellen Verschlusskrankheit zu Ihrem Arzt. Es gibt sehr wirkungsvolle medizinische Hilfen, die Ihre Schmerzen lindern, aber auch ein Fortschreiten der Erkrankung bremsen oder sogar eine gewisse Verbesserung bewirken. Sie brauchen allerdings etwas Geduld. Schäden, die über viele Jahre hinweg entstanden sind, können nicht im Handumdrehen behoben werden.

Schieben Sie die Verantwortung für Ihre Gesundheit nicht dem Arzt allein zu. Er tut mit Sicherheit sein Bestes, aber es kann noch mehr erreicht werden, wenn Sie aktiv bei der Behandlung der Durchblutungsstörungen mithelfen.

DIE VIER STADIEN

Im Stadium I bemerken Sie noch keine der beschriebenen Beschwerden. Der Verlauf ist bisher schmerzlos. Es ist aber bereits jetzt möglich, die Veränderungen in den Blutgefäßen durch eine Ultraschalluntersuchung festzustellen.

Im Stadium II macht Ihnen das Gehen Beschwerden. Besonders nach längeren Strecken treten starke Schmerzen auf.

Im Stadium III haben Sie nicht nur beim Laufen, sondern auch in Ruhelage Schmerzen in den Beinen, die nachts besonders stark sein können.

Im Stadium IV wird durch die schon lange bestehende Durchblutungsstörung das Gewebe mit Nährstoffen unterversorgt, sodass es nach und nach abstirbt. Die betroffenen Stellen verfärben sich dunkelblau bis schwarz.

Schmerzhafte Krampfadern

Krampfadern können zu erheblichen Schmerzen in den Beinen führen. Ob man sie bekommt oder nicht, scheint wohl von einer gewissen Veranlagung abzuhängen. Diese ist vermutlich vererbbar. Langes Stehen und Sitzen, Bewegungsmangel, Übergewicht und Verdauungsprobleme wie etwa Verstopfung sowie bei Frauen zusätzlich die Einnahme der Pille können die Entwicklung von Krampfadern fördern. All diese Faktoren üben nämlich erheblichen Druck auf die Venen aus. Der Rückfluss des Blutes zum Herzen wird verhindert, das Blut sammelt sich in den erweiterten Venen an.

Menschen mit Krampfadern klagen häufig über geschwollene Beine und müde Füße. Außerdem kann ein Kribbelgefühl oder ein krampfartiger Schmerz in den Beinen auftreten.

Es kann zu Venenentzündungen kommen, von denen besonders die oberflächlichen Venen betroffen sind. Wenn die Gefäßwände geschädigt sind, das Blut langsam fließt und zur Gerinnung neigt, sind die Beine geschwollen, gerötet und schmerzen. Im ungünstigen Fall und durch Verletzungen können sich so genannte offene Beine bilden. Damit bezeichnet man Geschwüre, von denen überwiegend ältere Frauen betroffen sind. Krankheitserreger haben hier leichtes Spiel. Sie dringen in die Wunden ein und verursachen langwierige und schmerzhafte infektiöse Erkrankungen.

Vorsicht, Thrombosegefahr!

Wenn Sie Krampfadern haben, sollten Sie wegen der Gefahr einer Thrombose die ersten Anzeichen von Beschwerden – Schwellungen, Rötungen, Schmerzen und Wunden, die nicht von selbst heilen – sehr ernst nehmen und zu Ihrem Arzt gehen. Manchmal sind Krampfadern oberflächlich gar nicht sichtbar, sie verursachen aber starke Schmerzen, die Sie sich vielleicht nicht erklären können. Ihr Arzt kann durch bestimmte Untersuchungsmethoden auch diese Art von Krampfadern feststellen. Das ist deshalb von Bedeutung, da, ausgehend von tiefen Beinvenenthrombosen, lebensgefährliche Embolien entstehen können. Wenn Krampfadern starke Beschwerden verursachen oder ein hohes Risiko darstellen, können sie operativ entfernt werden.

Venenleiden werden vor allem durch Bewegungsmangel und Übergewicht verursacht.

Schmerzmittel sind keine Lösung

Schmerzmittel allein sind auf Dauer kein geeignetes Mittel, um mit Beinschmerzen fertig zu werden. Damit halten Sie nämlich den Krankheitsverlauf nicht auf. Das Leiden schreitet fort und führt unweigerlich zu erheblichen und schlecht behandelbaren Beschwerden.

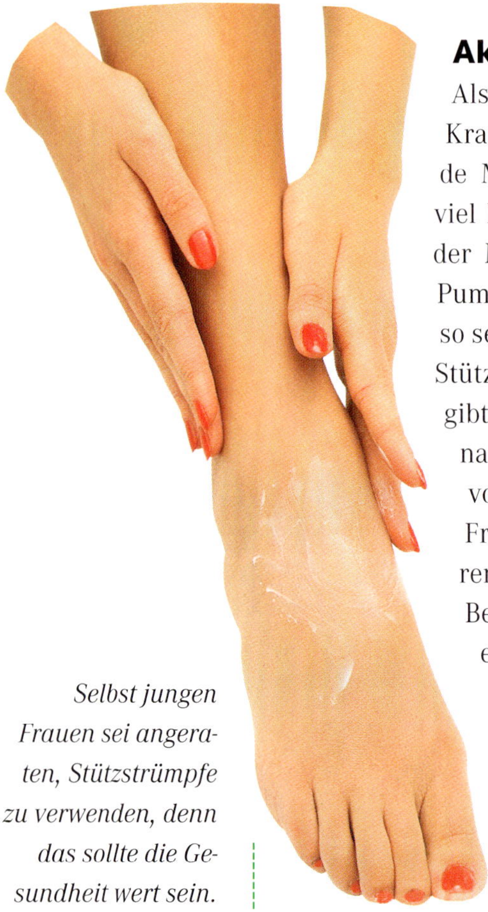

Selbst jungen Frauen sei angeraten, Stützstrümpfe zu verwenden, denn das sollte die Gesundheit wert sein.

Aktiv gegen Venenleiden

Als wirkungsvolle vorbeugende und den Krankheitsverlauf aufhaltende sowie bessernde Maßnahmen bei Venenleiden eignen sich viel Bewegung und Gymnastik. Die Bewegung der Muskeln in den Beinen übt eine gewisse Pumpwirkung aus und das Blut kann sich nicht so sehr stauen.

Stützstrümpfe entlasten die Beine merklich. Es gibt sie heute in allen Farben und Größen und natürlich auch als Strumpfhosen. Das Tragen von Stützstrumpfhosen ist keineswegs eine Frage des Alters. Auch junge Frauen profitieren davon. Wenn Sie den ganzen Tag auf den Beinen sind, werden Sie merken, wie wohltuend die stützende Wirkung solcher Strumpfhosen ist.

Die Beine hoch

Abends zu Hause oder auch zwischendurch, wenn Sie die Gelegenheit haben, lagern Sie Ihre Beine am besten hoch.

Auch wenn's schmeckt – nicht alles, was wir unserem Verdauungstrakt zumuten, ist leicht bekömmliche Kost.

Das tut gut, entlastet die Venen und erleichtert dem Blut den Rückfluss. Wenn Sie dann noch ein paar überflüssige Pfunde abnehmen bzw. den Konsum von Fett, Zucker, Alkohol und Zigaretten reduzieren könnten, haben Sie für Ihre Venen bereits viel getan.

Schmerzen im Bauch

Es ist wichtig, dass man in Erfahrung bringt, ob man verschiedene Medikamente gleichzeitig einnehmen kann.

Bauchschmerzen kennt jeder. Wer hatte nicht schon einmal eine Magen-Darm-Verstimmung, die zwar unangenehm aber harmlos ist und bald wieder vorübergeht. Bauchschmerzen entstehen auch dann, wenn Sie zu viel oder zu wenig gegessen haben. Wahrscheinlich spüren Sie aber dann schon selbst, woran es liegt. Meist ist nach einem Fastentag mit Zwieback und Tee das Unbehagen schnell wieder vergessen. Bauchschmerzen treten auch bei Stress, Angst und Anspannung auf. Wenn Sie ständig Bauchschmerzen haben, die mit leichter Übelkeit und Appetitlosigkeit einhergehen, kann Ihnen möglicherweise etwas »im Magen liegen«. Versuchen Sie, das Problem herauszufinden. Vielleicht gibt es ja eine Lösung dafür und Ihr Ma-

Bauchschmerzen hat wohl jeder schon einmal gehabt. Gründe dafür können sein, dass man zu viel oder zu wenig gegessen hat, doch auch Stress und Ärger sorgen für Magenprobleme.

gen wäre entlastet. Es können auch bestimmte Situationen sein, die Ihnen immer wieder »auf den Magen schlagen«. Überlegen Sie, wann und wogegen sich Ihr Magen wehrt.

Warnsignal Bauchschmerzen

Es leuchtet ein, dass starke Bauchschmerzen beängstigend sein können, denn sie treten oft aus heiterem Himmel und ohne ersichtlichen oder plausiblen Grund auf. Sehr schnell entwickelt sich daraufhin eine Abwehrspannung; Übelkeit, Krämpfe, Schweißausbrüche und Herzklopfen kommen hinzu. Versuchen Sie sich selbst – soweit es Ihnen möglich ist – zu beruhigen, und überlegen Sie, ob Sie etwas Ungewohntes gegessen oder getrunken haben. Hatten Sie diese Beschwerden in

ICH HABE BAUCHSCHMERZEN – WARUM?

Gibt es vielleicht Menschen, deren Gesellschaft Sie nicht mögen? Sind Ihnen gewisse Tätigkeiten unangenehm?
Manchmal sind es nur Kleinigkeiten, die Bauchschmerzen machen. Versuchen Sie, genau diese einmal ganz klein zu sehen, als würden Sie ein Fernglas umdrehen.
Es können auch Situationen sein, die Ihnen gar nicht bewusst sind. Fragen Sie sich, was es ist oder sein kann. Sicher bekommen Sie eine plausible Antwort!
Machen Sie sich ein Bild von diesen einzelnen Störfaktoren!
Wie sehen sie aus und was wollen diese Gesellen von Ihnen? Welche Bedeutung haben sie für Ihr Befinden?
Würde es Ihnen gelingen, diese Störenfriede links liegen zu lassen und unbeirrt Ihren Weg zu gehen?
Versuchen Sie, auf diese Fragen eine ehrliche Antwort zu finden, dann sind Sie der Ursache Ihrer Beschwerden schon ein ganzes Stück näher gekommen.

Oftmals werden Bauchschmerzen durch falsche Ernährung ausgelöst. Doch Vorsicht, sie können auch Symptom einer ernsthaften Erkrankung sein.

ähnlicher Weise schon einmal, vielleicht vor längerer Zeit. Können Sie sich vielleicht an einen Zusammenhang erinnern? Auch Stress, Ärger, schwere Entscheidungen oder Angst können sich über Schmerzen der inneren Organe äußern. Vielleicht liegt Ihnen etwas im Magen, Sie haben etwas auf der Leber oder es liegt Ihnen etwas am Herzen, das Sie unruhig und verspannt macht. Unser empfindsames Nervensystem nimmt Signale manchmal viel schneller auf, als wir Sie gedanklich erfassen und einordnen können. Spüren Sie doch einmal in sich hinein und überlegen Sie, ob die Seele eine Möglichkeit sucht ihre Bedenken oder Warnungen loszuwerden.

Bauchschmerzen haben zunächst einen sehr allgemeinen Charakter und sind meistens auch nur schwer ganz genau zu beschreiben. Bei lange andauernden Beschwerden und bei starken Schmerzen muss unbedingt nach der Ursache gesucht werden, um die Behandlung des Grundübels richtig zu beginnen.

Die Medizin kennt hinter Bauchschmerzen eine Vielzahl von Erkrankungen. Wenn Sie also starke Bauchschmerzen haben,

Bauchschmerzen sind ein Symptom – keine Krankheit. Die Schmerzursachen können harmlos sein, es können jedoch auch ernsthafte Erkrankungen zu Grunde liegen.

die plötzlich auftreten, stechend sind, mit Übelkeit, Schüttelfrost, Fieber, hohem Pulsschlag und schneller Atmung einhergehen, brauchen Sie ärztliche Hilfe. Hinter einem »akuten Bauch« können sich ernsthafte Erkrankungen verstecken. Gehen Sie daher unbedingt zum Arzt, wenn Sie unter starken Bauchschmerzen in Verbindung mit Übelkeit, Schüttelfrost, Fieber, raschem Puls und schneller Atmung leiden. Dahinter kann sich eine Blinddarmentzündung, eine Leber- oder Gallenerkrankung, ein Magen- oder Zwölffingerdarmgeschwür verbergen.

Heftige Schmerzattacken, Fieber, stoßweiser Atem, aufgeblähter Bauch, rasender Puls oder das Erbrechen von Blut sind zwingende Gründe, um einen Arzt aufzusuchen.

Gastritis

Häufigen Bauchschmerzen kann auch ein ständig gereizter Magen zu Grunde liegen. Er macht sich durch Übelkeit, Sodbrennen und Völlegefühl besonders unangenehm bemerkbar. Überschüssige Magensäure ist für diese Beschwerden mitverantwortlich. Magensäure wird auch dann vermehrt gebildet, wenn Sie überlastet sind und unter Stress stehen. Es gibt allerdings auch eine jahreszeitbedingte Überproduktion an Magen-

Süß, fett, lecker – doch manchmal wird es auch dem Magen zu viel: Er rebelliert heftig dagegen.

säure, die im Herbst und Winter ihre Höhepunkte erreicht. Ist die Magenschleimhaut jedoch ständig gereizt, spricht man von einer Gastritis. Sie kann akut und chronisch sein. Letztere führt ohne Behandlung möglicherweise zu einem Magengeschwür. Akut verursacht die Gastritis starke, krampfartige Schmerzen im Bereich des Magens und der oberen Bauchregion.

Lassen Sie sich nicht reizen

Eine große Rolle spielt bei der Entstehung der Magenbeschwerden neben einer ständigen seelischen Belastung auch die Ernährung. Zu viel Kaffee, Alkohol und Zigaretten sind auf jeden Fall ungünstig. Wahrscheinlich ist der Konsum dieser Genussmittel auch gerade dann besonders hoch, wenn der Stress zunimmt. Alle säurefördernden Nahrungsmittel – Backwaren aus Weißmehl, Zucker und Süßigkeiten, fettes Fleisch, Wurst, Konserven usw. – sollten Sie möglichst reduzieren oder ganz vermeiden.

Zucker, Fett, Koffein, Alkohol und Nikotin sind allesamt dafür bekannt, dass sie Magenschmerzen verursachen können.

Es gibt zahlreiche Ratgeber zum Thema Ernährung, die Ihnen wertvolle Tipps geben können. Meist ist es gar nicht nötig, dass Sie Ihre Kost komplett umstellen und liebe Gewohnheiten und Genüsse gänzlich aufgeben. Es geht lediglich um ein ausgewogenes Verhältnis im Sinne von »alles in Maßen«. Ein englisches Sprichwort sagt treffend: »A litte of what you fancy will do you good«! – Dies bedeutet im übertragenen Sinne, dass das, was Ihnen gelegentlich eine große Freude und einen besonderen Genuss bereitet, sicher nicht allzu schädlich ist. Wenn Sie also hin und wieder ein gutes Glas Wein oder ein Bier an einem ruhigen Abend zu sich nehmen, wird dies der Gesundheit eher förderlich sein und zur Entspannung beitragen.

… und noch ein Ratschlag!

Essen und trinken Sie nicht hektisch und nicht immer in aller Eile. Ihr Magen ist damit einfach überfordert. Nehmen Sie sich wenigstens etwas Zeit zum Essen. Mehrere kleine Mahlzeiten sind übrigens besser als eine große. Wenn Sie abends mit »Heißhunger« nach Hause kommen und zu schnell große Mengen essen, signalisiert Ihr Magen nicht zur rechten Zeit »Ich bin satt«. Sie essen immer weiter und überfordern Ihr gesamtes Verdauungssystem damit hoffnungslos. Es wird wahrscheinlich in irgendeiner Form streiken. Sie werden müde und können Ihren schönen Feierabend gar nicht mehr so recht genießen. Fünf kleinere Mahlzeiten, gleichmäßig über den Tag verteilt, sorgen für einen konstanten Blutzuckerspiegel. Dadurch werden Heißhungerattacken vermieden, die dem Magen nur schaden. Sicherlich haben Sie auch schon die Erfahrung gemacht, dass Sie nach abendlichem schweren Essen schlecht schlafen. Und am nächsten Morgen schmeckt das Frühstück nicht so recht. Sie sind ja noch satt – und am Abend stellt sich dann wieder der große Hunger ein – das hält der stärkste Magen nicht aus.

Magengeschwür durch Bakterieninfektion

Helikobakter pylori, ein bekanntes Bakterium, spielt neben Stress und einem Zuviel an Magensäure eine wichtige Rolle bei der Entstehung von Magengeschwüren.

Bis vor einigen Jahren galt ein Magengeschwür noch ausschließlich als Folge von Stress und zu viel Magensäure. Mittlerweile weiß man, dass bei Magengeschwüren auch ein Bakterium (Helikobakter pylori) der Auslöser sein kann. Eine entsprechende Untersuchung gibt hierüber Aufschluss. Die Behandlung ist relativ einfach, da es sehr wirkungsvolle Medikamente gibt, die diese Bakterien auch langfristig ausschalten können.

Ist die Magensäure allein an Ihren Schmerzen schuld, kann sie durch geeignete Mittel (Antazida) gebremst werden. Gleichzeitig auch schmerzlindernd wirken die so genannten H2-Blocker.

Bei Koliken und Magen- oder Darmkrämpfen werden im akuten Fall auch krampflösende Mittel eingesetzt.

Ein altes und wirkungsvolles Hausmittel gegen Magenverstimmung und Bauchschmerzen: Kräutertee.

Selbsthilfe bei Bauchschmerzen

Beschwerden im Magen-Darm-Trakt können durch verschiedene Kräutertees gelindert werden. Sie wirken neutralisierend und helfen bei Blähungen, Völlegefühl, Verstopfung und Durchfall.
Fragen Sie in Ihrer Apotheke oder im Reformhaus nach Tees oder Präparaten aus Kamille, Kümmel, Fenchel, Artischocken, Pfefferminzöl oder Tausendgüldenkraut, um nur einige Beispiele zu nennen.

Neuralgien – wenn die Nerven schmerzen

Eine Neuralgie ist ein Schmerz, der durch Beschädigung oder Reizung eines peripheren, also außerhalb des Gehirns oder Rückenmarks befindlichen Nervs ausgelöst wird. Die Schmerzen können leicht und vorübergehend sein, oft aber auch sehr stark. Manchmal attackiert der Schmerz den Nerv in kurzen Abständen. Gehen Sie daher bereits bei den ersten Anzeichen einer Neuralgie zum Arzt.

Je rascher die Behandlung erfolgt, desto günstiger sind die Aussichten auf baldige Besserung.

Gürtelrose

Zur Bekämpfung der Gürtelrose werden so genannte virostatisch wirkende Medikamente verwendet.

Die Gürtelrose ist eine sehr schmerzhafte Erscheinung, die vom Herpes-zoster-Virus ausgelöst wird, das auch die Windpocken verursacht. Auch wenn sich die typische Bläschenbildung auf der Haut noch lange nicht zeigt, spüren Sie schon die Schmerzen meist auf einer Körperhälfte, fühlen sich abgeschlagen und krank, wie bei einer beginnenden Grippe. Erst nach einigen Wochen zeigen sich dann die Hautveränderungen, die mit sehr starken Schmerzen einhergehen können. Betroffen ist immer das umliegende Gewebe des kranken Nervs. Dies kann auf der Stirn sein, den Wangen, der Ohrengegend, auf der Brust und auf dem Bauch im Bereich des Gürtels; daher auch die Bezeichnung Gürtelrose. Die Gürtelrose kann mit virostatisch wirksamen Medikamenten (Aciclovir) und ausreichend starken Schmerzmitteln behandelt werden. Je früher die Behandlung einsetzt, umso besser. Gehen Sie deshalb bei den ersten Anzeichen sofort zu Ihrem Arzt und erklären Sie ihm Ihre Schmerzen möglichst genau.

Wenn Sie Medikamente bekommen, ist es sehr wichtig, sie nach einem genauen Zeitplan einzunehmen. Wenn es gelingt, dadurch die Virusvermehrung möglichst frühzeitig zu stoppen, ersparen Sie sich viele Beschwerden.

Trigeminusneuralgie

Ein häufig vorkommender Schmerz im Gesichtsbereich ist die Trigeminusneuralgie.

Dieser heftige Schmerz konzentriert sich einseitig auf Wangen, Kinn, Ober- und Unterkiefer sowie die Lippen. Ausgelöst werden kann dieser Nervenschmerz schon durch ganz leichte Berührungen im Gesichtsbereich. Die meisten Patienten berichten zudem über hohe Kältempfindlichkeit, die wiederum den Schmerz hervorrufen kann. Die Auslöser der Trigeminusneuralgie sind unterschiedlicher Natur. Entzündungen und Erkrankungen des Nervs selbst werden vermutet. Zum Teil wirken auch psychische Faktoren begünstigend.

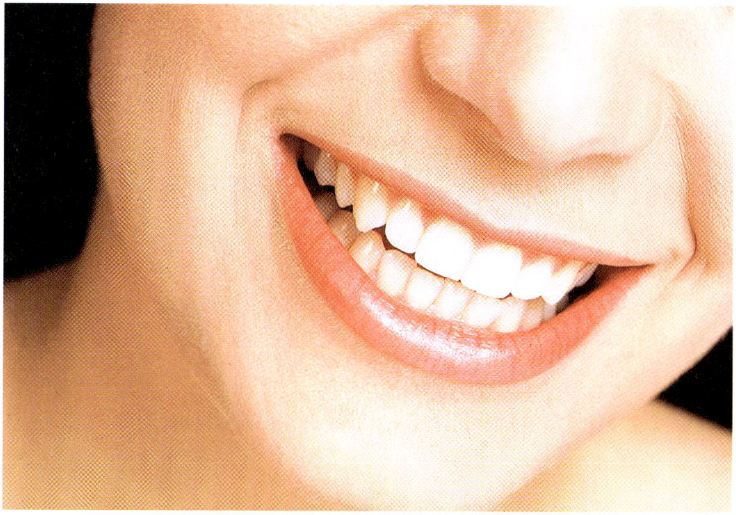

Schmerzen im Bereich der Wangen, der Kiefer, der Lippen oder des Kinns deuten auf eine Trigeminusneuralgie hin.

Behandlung von Nervenschmerzen

Eine wirksame Behandlung dieser Neuralgien ist ohne starke Schmerzmittel nicht möglich. Eine Selbstbehandlung mit frei käuflichen Medikamenten wird Ihnen nicht helfen. Sie nehmen damit die unerwünschten Wirkungen der Medikamente auf sich, ohne einen Nutzen zu haben. Fragen Sie Ihren Arzt. Er wird Ihnen wirksame Medikamente verschreiben und auch eine sinnvolle Behandlung Ihrer Erkrankung in die Wege leiten. Möglicherweise wird er für ein wirkungsvolles Behandlungskonzept auch eine spezialisierte Praxis oder eine Schmerzklinik hinzuziehen.

Selbstmedikation bei Nervenschmerzen ist keinesfalls anzuraten. Die Behandlung von Neuralgien sollte immer einem erfahrenen Arzt überlassen werden.

Was tun, wenn Kinder Schmerzen haben?

Kinder empfinden Schmerzen ebenso stark und eingreifend wie Erwachsene. Durch starke Schmerzerlebnisse können sich bei Kindern sogar nachhaltige Ängste entwickeln. Diesen auf die Spur zu kommen, ist in späteren Jahren nicht ganz einfach. Reagieren Sie deshalb nicht ängstlich oder aufgeregt, wenn Ihr

Wenn Kinder Schmerzen plagen, leiden auch die Erwachsenen mit. Doch keine Panik, wenn Ihr Filius einmal über Schmerzen klagt: Bleiben Sie ruhig, sprechen Sie mit Ihrem Kind über seine Beschwerden und suchen Sie gegebenenfalls einen Arzt auf.

Kind Schmerzen hat. Bleiben Sie ruhig und geben Sie Ihrem Kind das Gefühl von Sicherheit. Auch bei Kindern verstärkt sich der Schmerz bei Angst. Versuchen Sie, Ihrem Kind, sofern es schon im entsprechenden Alter ist, die Schmerzen zu erklären. Es gibt eine ganze Reihe von Büchern für Kinder, die anhand von Beispielen und Bildern Krankheiten darstellen. Machen Sie Ihrem Kind Mut und geben Sie ihm Zuversicht für baldige Besserung. Die häufigsten Schmerzen bei Kindern finden Sie im Anschluss.

Koliken in den ersten Lebensmonaten

Etwa 50 Prozent aller Säuglinge leiden in den ersten Lebensmonaten unter Koliken. Wenn Ihr Baby mehrere Stunden lang schreit, der Bauch fest und aufgebläht ist, wird es wahrscheinlich eine derartige Kolik sein. Die Gründe für diese Anfälle werden unterschiedlich beschrieben. Es können Verdauungsstörungen sein, eine noch nicht ausgereifte Darmfunktion, Blähungen oder Unverträglichkeit der Nahrung, z. B. Kuh-

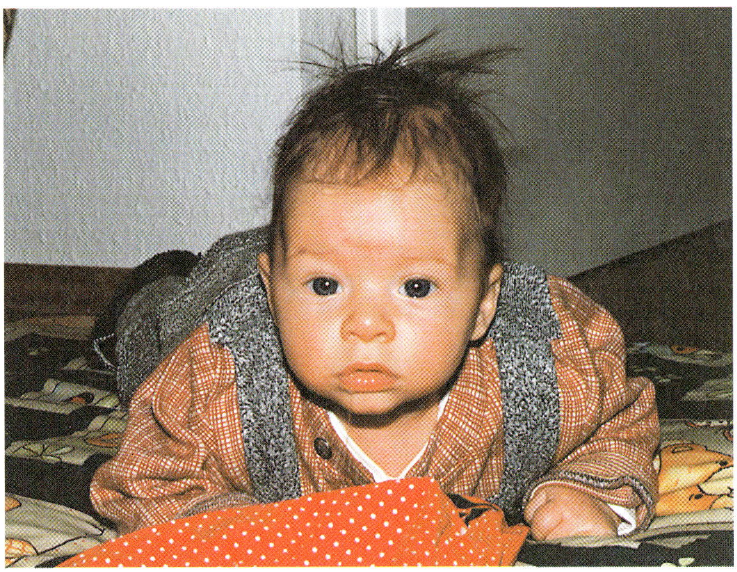

Besonders die Allerjüngsten leiden häufig an schmerzhaften Koliken.

KOLIK – WAS TUN?

- Oft hilft dem Baby eine warme (nicht zu heiße) Wärmflasche zur Entspannung des Darms.
- Eine sanfte Bauchmassage, die im Uhrzeigersinn erfolgen sollte, kann helfen.
- Ein Teelöffel warmer Kräutertee (Kamille, Fenchel) nach jeder Mahlzeit tut dem Baby in jedem Fall gut.
- Kinderärzte verordnen gegen die so genannten Dreimonatskoliken entblähende Medikamente.

milch. Möglicherweise kann auch eine gestörte Beziehung zum Kind die Beschwerden begünstigen. Babys sind nun einmal sehr sensibel.

Bleiben Sie ruhig

Bleiben Sie gelassen, auch wenn das Schreien Nerven kostet. Je entspannter Sie bleiben, desto besser können Sie auch Ihren eigenen in dieser Situation aufkommenden Spannungskopfschmerz bewältigen oder sogar abfangen. Natürlich sind Sie jetzt müde und möchten schlafen, weil Sie ja in den letzten Wochen schon so viele schlaflose Nächte und anstrengende Tage hatten. Versuchen Sie trotzdem, sich gerade jetzt zu entspannen und halten Sie sich den Gedanken vor Augen, dass die Schmerzen Ihres Kindes nicht bedrohlich sind. Es leidet nur und möchte darauf aufmerksam machen.

Ärztliche Hilfe benötigen Sie, wenn Ihr Baby nicht mehr trinkt, Fieber auftritt und es schon bei leichter Berührung schreit, weil es Schmerzen hat.

Bauchschmerzen

Bei Kindern kann bereits Stress zu Bauchschmerzen führen. Vielleicht reagieren Kinder dabei noch unmittelbarer als Erwachsene. Wenn ihnen »etwas im Magen liegt«, bekommen sie Bauchschmerzen, werden blass, manchmal schwindelig,

haben Kopfschmerzen mit nachfolgendem Erbrechen. Auch Angst macht Kindern leicht Bauchschmerzen. Versuchen Sie, am besten mit Ihrem Kind gemeinsam, den Bauchschmerzen auf die Spur zu kommen.
Nicht immer sind Bauchschmerzen bei Kindern harmlos. Achten Sie genau auf die Anzeichen und Begleiterscheinungen. Es können auch Infektionskrankheiten oder eine Blinddarmentzündung dahinter stecken. Wenn Ihr Kind starke und einseitige Schmerzen im Bauch beschreibt, die zudem mit Fieber und Erbrechen einhergehen, sollten Sie schnellstens einen Arzt zurate ziehen.

Ein kindgerechter Tagesablauf

Wichtig für Kinder ist stets der ihnen gerechte, sich wenig ändernde Tagesablauf. Hektik sollten Sie unbedingt vermeiden.

Muten Sie Ihrem Kind nicht zu viel Hektik zu. Rasche Ein- und Umstellung auf sich ständig ändernde Situationen ist zwar für Erwachsene normal und zu verkraften, für Kinder jedoch großer Stress. Achten Sie auf eine ruhige Atmosphäre beim Essen und auch darauf, dass Sie ausreichend Zeit dafür haben. Auch für Sie selbst kann die Mahlzeit eine Phase der Ruhe sein. Sie ist zudem wichtig für die Kommunikation in der Familie. Natürlich spielt die Ernährung eine ebenso bedeutende Rolle. Vermeiden Sie Fastfood und Süßigkeiten, zu viele Säfte und Limonaden. Kinder brauchen reichlich Gemüse, Obst, Vollkornbrot, Milchprodukte, Getreide, z. B. Müsli, etwas Fisch und nur relativ wenig Fleisch und Wurst.

Wachsen tut manchmal weh

Meistens treten Wachstumsschmerzen nachts auf und stören den Schlaf. Insbesondere im Vorschulalter können Kinder unter diesen Beschwerden leiden. Schätzungsweise sind 40 Prozent aller Kinder davon betroffen. Die Schmerzen zeigen sich zumeist in den Beinen. Wachstumsschmerzen stellen keine Störung der Körperfunktion dar und sind auch in der Regel nicht mit einem Krankheitszustand verknüpft. Vermutlich sind es die gewaltigen Wachstumsaktivitäten, die zu einer derartigen Schmerzempfindung führen. Auf diese Weise können Sie versuchen, es Ihrem Kind zu erklären. Geben Sie ihm jedoch nicht das Gefühl, dass Großwerden oder Großsein ein schmerzhafter Prozess ist. Lassen Sie es eher stolz sein auf dieses gute Zeichen, dass es nämlich gesund ist und gut wächst.

Beinahe jedes vierte Kind leidet unter Wachstumsschmerzen. Derartige Schmerzzustände sind jedoch ein positives Zeichen: Ihr Kind ist gesund.

Gründe für schmerzendes Wachstum

Möglicherweise gehen die Wachstumsschmerzen bei Ihrem Kind vielfach auch mit schlechter Stimmung und erhöhter Reizbarkeit einher. Da Kinder aber kaum in der Lage sind diesen Zusammenhang zu erkennen, kann es passieren, dass jede Kleinigkeit der Auslöser von »Gefühlsgewittern« sein kann. Versuchen Sie, darauf gefasst zu sein, denn auch für Kinder ist es ein Lernprozess, Schmerzen zu haben und zu empfinden. Sie kennen den Zustand in der Regel nicht und können deshalb auch wesentlich schlechter damit umgehen als Erwachsene. Zudem strömt auf Kindergarten- und Schulkinder täglich eine Fülle von Geboten, Verboten, neuen Eindrücken, Verhaltensmaßregeln, Unstimmigkeiten untereinander usw. ein. Alles zusammen ist für Kinder sehr belastend und kann sich in Schmerzzuständen äußern, die nicht wachstumsbedingt sind. Neuesten Nachforschungen zufolge leiden schon sehr viele Schulkinder unter Kopfschmerzen.

WAS BEI ERKÄLTUNG IMMER HILFT

- Bettruhe
- Wärme
- Leichte und vitaminreiche Kost
- Reichlich Flüssigkeit (Kräutertees, Mineralwasser, verdünnte Säfte)

Achten Sie deshalb sehr genau darauf, ob sich ihr Kind in irgendeiner Weise verändert hat. Wenn Sie frühzeitig nach ärztlichem Rat und Hilfe suchen, können Sie Ihrem Kind mögliche Schäden für das spätere Leben ersparen.

Schmerzen bei Erkältungskrankheiten

Wenn Kinder erkältet sind, zeigt sich dies in einer Reihe von verschiedenen Symptomen: Hals-, Kopf- und Ohrenschmerzen, Schluckbeschwerden, Mandel- und Mittelohrentzündungen.

Bei Kindern sind Erkältungskrankheiten ein häufiges Ereignis, deren Symptome in der Regel nach wenigen Tagen wieder abklingen. Zunächst wirken die Kinder unzufrieden und quengelig. Es folgen Fieber und Schmerzen in Gliedern und Gelenken. Oftmals sind Halsschmerzen, Schluckbeschwerden und Mandelentzündungen daran beteiligt. Starke Kopf- und teilweise auch Ohrenschmerzen kommen hinzu. Bei Kindern entwickelt sich leicht eine Mittelohrenzündung, die durch Ohrensausen, stechende und pulsierende Schmerzen im Kopf gekennzeichnet ist. Darauf sollten Sie besonders achten und bei Verdacht auf eine Mittelohrentzündung zum Arzt gehen. Auch bei hohem Fieber und starken Schmerzen ist der Besuch beim Arzt nötig. Er wird zu einem schmerzlindernden und gleichzeitig fiebersenkenden Medikament raten, das auch für Kinder geeignet ist. Bei einer Mandelentzündung wird Ihr Arzt entscheiden, ob ein Antibiotikum notwendig ist.

Vorsicht bei der Selbstbehandlung

Bevor Sie Ihrem Kind auf Verdacht Schmerzmittel geben, fragen Sie bitte Ihren Arzt oder Apotheker. Auch rezeptfreie

Schmerzmittel haben Nebenwirkungen und sind teilweise für Kinder weniger geeignet. Geben Sie Kindern niemals mehr als auf der Packungsbeilage angegeben oder vom Arzt oder Apotheker geraten wird. Gleichen Sie eine ausgelassene Medikamentengabe nicht durch eine doppelte Dosis beim nächsten Mal aus. Dies kann zu unkontrollierbaren Reaktionen des Kindes führen.

Vorbeugen statt heilen!

Bakterien und Viren sind für viele Erkältungskrankheiten verantwortlich. Sie haben leichtes Spiel, wenn sie auf einen abwehrgeschwächten Organismus treffen. Wenn Kinder zu dick oder zu dünn gekleidet sind, wenig Obst und Gemüse essen, sich häufig in überhitzten, schlecht belüfteten Räumen und trockener Luft aufhalten, werden sie wahrscheinlich schneller krank. Abgesehen davon tummeln sich natürlich in Kindergärten und Schulen immer zahlreiche Viren und Bakterien, sodass Vorbeugen – soweit möglich – grundsätzlich sinnvoll ist. Nachstehend einige Vorschläge für Sie:

Setzen Sie auch homöopathische Mittel oder pflanzliche Arzneien bei Kindern nur nach ärztlichem Rat ein!

Stärken Sie Ihre Abwehrkräfte: viel Bewegung und frische Luft – besonders in der kalten Jahreszeit.

Krankheiten kann man gezielt einsetzen, um durch sie Aufmerksamkeit zu erlangen. Bitte bemühen Sie sich, diesen Weg nicht einzuschlagen!

NICHT ZU VIEL MITLEID

Geben Sie Ihrem Kind nicht das Gefühl, dass es wegen seiner Schmerzen automatisch von allen Pflichten (wie z. B. Schule) entlastet wird oder deshalb eine Sonderstellung bekommt. Die Gefahr ist groß, dass es dann die Schmerzen nutzt, um mehr Zuwendung und Aufmerksamkeit zu bekommen. Auch das Schuleschwänzen könnte damit leichter erreicht werden.

Doch nicht nur bei Kindern funktioniert dieser Mechanismus. Auch Erwachsene setzen mehr oder weniger bewusst Krankheiten ein, um Aufmerksamkeit zu bekommen, um »wichtig« zu erscheinen, um von gewissen belastenden Situationen ausgenommen zu sein. Krankheit entschuldigt! Manchmal wird sie als Zufluchtsort gesehen. Wenn man krank ist, kann man ja nicht, beim besten Willen nicht! Gehen Sie diesen Weg möglichst nicht, sondern versuchen Sie, sich mit den Schwierigkeiten auseinanderzusetzen. Denken Sie daran: Es gibt immer eine Lösung!

- Insbesondere in den Wintermonaten ist es wichtig, dass die Schleimhäute feucht bleiben. Achten Sie daher auf ausreichend feuchte Raumluft. Sie können Luftbefeuchter aufstellen oder z. B. im Kinderzimmer nasse Handtücher auf die Heizkörper legen.
- Lüften Sie die Wohnräume täglich gut durch.
- Kinder sollten immer genug trinken, viel an die frische Luft gehen und reichlich Obst und Gemüse essen.
- Schützen Sie die Ohren vor Kälte und Zugluft.
- Achten Sie darauf, dass Ihr Kind warme Füsse hat. Gute, wasserdichte Schuhe – aber keine Gummistiefel – und warme Socken sind hierfür empfehlenswert.

Frauentypische Schmerzen und Beschwerden

Obwohl er ein ganz natürlicher Vorgang ist, macht der Monatszyklus vielen Frauen schwer zu schaffen. Sowohl ihre körperliche als auch ihre seelische Verfassung werden stark von ihm beeinflusst. Verantwortlich sind dafür größtenteils Schwankungen in der Hormonproduktion, genauer gesagt ein vorübergehendes Ungleichgewicht von Östrogen und Progesteron.

Östrogene und Progesterone sind für den Monatszyklus verantwortlich.

Das Prämenstruelle Syndrom

Unter dem Begriff Prämenstruelles Syndrom (PMS) werden über 150 verschiedene Beschwerden zusammengefasst, an denen Frauen jeden Monat zwischen Eisprung und Periode leiden können. Einige äußern sich körperlich, andere psychisch. Auch Verhaltensänderungen sind möglich. Weitere Begleiterscheinungen sind Schweregefühl im ganzen Körper, Heißhunger auf bestimmte Speisen oder Süßes und insgesamt eine erhöhte Anfälligkeit für Erkrankungen. Jede Frau erfährt das PMS anders. Manche haben kaum Beschwerden, bei anderen wiederum treten mehrere Symptome gleichzeitig und heftig auf. Es ist mehr als verständlich, dass sich eine Frau unter diesen Umständen nicht wohl fühlen kann. Doch Hilfe ist möglich, wie die folgenden Seiten zeigen werden.

HAUPTSYMPTOME DER ZYKLUSBESCHWERDEN

- Kopf-, Gelenk- und Rückenschmerzen
- Hautprobleme
- Ziehen und Spannung in den Brüsten
- Schlaflosigkeit
- Sehstörungen
- Depressive Verstimmungen
- Müdigkeit
- Antriebsschwäche
- Gereiztheit

Beschwerden, aber keine Krankheit

Eine recht positive Entwicklung der letzten Jahre ist, dass mit diesen natürlichen Beschwerden, die ja keine Krankheit darstellen, heute viel offener umgegangen wird. Je mehr Sie akzeptieren, dass es sich um einen normalen Rhythmus handelt und nichts Bedrohliches dahinter steckt, desto besser können Sie mit diesen Beschwerden auch zurecht kommen. Dabei soll das PMS keinesfalls verharmlost werden. Zweifellos kann es den Alltag stark beeinträchtigen.

Was ist schuld am PMS?

Die Hormonsteuerung erfolgt zentral von der Hirnanhangdrüse aus. Sie steht in enger Verbindung mit dem Zwischenhirn, das unsere Gefühle, Gedanken und Empfindungen registriert und verarbeitet. Neben dem hormonellen Ungleichgewicht (siehe Seite 103) hat demnach auch die seelische Verfassung sehr viel mit unserem körperlichen Wohlbefinden zu tun. Diese enge Verknüpfung zwischen Schmerzempfinden und Gemütslage ist uns bereits in anderen Kapiteln dieses Buches immer wieder begegnet.

Das Prämenstruelle Syndrom ist von der Gemütslage abhängig: Stress wirkt negativ, Freude steigert das Wohlbefinden.

Daraus können wir schließen, dass sich das PMS verschlimmert, wenn Stress, Trauer, Angst, Wut, Unsicherheit und Ärger beteiligt sind. Freude, Ausgeglichenheit, Ruhe, Zufriedenheit und Glück dagegen würden Ihr Wohlbefinden wesentlich steigern.

Die Beschwerden als Ventil des Körpers

Vermutlich werden über die PMS-Beschwerden auch die natürlichen Warnfunktionen des weiblichen Körpers in Gang gesetzt. Vielleicht stimmt etwas nicht mit Ihrer Rolle als Frau? Wie ist Ihre Lebenssituation? Ist sie zufrieden stellend oder gibt es etwas, das Sie stört oder ständig ärgert? Fühlen Sie sich überlastet und überfordert?

Vergessen Sie über der Verantwortung für Ihre Familie nicht Ihre Verantwortung für sich selbst: Verwöhnen Sie sich und Ihre Seele.

Zweifellos sind Frauen heute in vieler Hinsicht mit Aufgaben des täglichen Lebens überfrachtet. In ihrem Bestreben, allem und jedem gerecht zu werden, werden die Pflichten zum ständigen Druck, der sich ein Ventil sucht und bemerkbar macht. Berufliche Anforderungen müssen erfüllt werden, die Erziehung und Betreuung der Kinder liegt auch heutzutage zumeist bei der Mutter. Die Organisation des Haushalts und vieler Aktivitäten in der Familie sind ebenfalls Sache der Frau, die sich selbst dabei oft in den Hintergrund stellt oder von anderen gestellt wird. Kommen dazu noch Schwierigkeiten mit dem Partner, wenig Anerkennung, Trennung, Scheidung oder Tod, gerät das Gleichgewicht der Hormone schnell durcheinander. Die seelischen und körperlichen Schmerzen sind kaum noch voneinander zu trennen und stehen im fatalen Wechselspiel miteinander.

Die individuelle körperliche und seelische Verfassung jeder Frau beeinflussen eventuelle Beschwerden vor den »Tagen«. Eine generell gültige Ursache gibt es nicht.

Hilfe bei PMS-Beschwerden

Sie sind dem PMS keineswegs hilflos ausgeliefert. Werden Sie aktiv gegen Ihre Schmerzen!

Denken Sie mehr an sich selbst, anstatt immer für andere da zu sein, und lassen Sie sich auch nicht vom PMS schrecken.

TUN SIE MEHR FÜR SICH!

- Sie müssen nicht für alles und jeden zuständig sein, es auch nicht jedem Recht machen.
- Wenn Sie Konflikte spüren, versuchen Sie, sie zu lösen.
- Gönnen Sie sich Erholungsphasen und versuchen Sie, sich zu entspannen.
- Wenn Sie in ein Stimmungstief kommen oder Schmerzen haben, denken Sie an das PMS.
- Versuchen Sie das PMS anzunehmen, so, wie es ist. Sie kennen es ja schon und es ist immer der übliche Verlauf. Versuchen Sie doch einmal, unbeeindruckt zu bleiben.
- Machen Sie alles wie gewohnt und gönnen Sie sich persönlich ein bisschen mehr.
- Ziehen Sie sich etwas Schickes an.
- Gehen Sie heute zum Friseur.
- Lassen Sie sich von der Kosmetikerin verwöhnen! Lesen Sie, was Ihnen Freude macht.
- Gehen Sie spazieren und horchen Sie einfach einmal in sich hinein.
- Was kann Sie noch entspannen und Ihnen Freude machen? Lassen Sie sich etwas einfallen.
- Es gibt ein großes Angebot an Entspannungstechniken, die Sie in kleinen Gruppen erlernen können, z. B. autogenes Training, Yoga, Atemtherapie usw.

Immer wieder die Ernährung …

Wenn es um die Gesundheit geht, spielt die Frage nach der Ernährung immer eine große Rolle. Eine vitamin-, ballaststoff- und mineralstoffreiche Kost ist für unsere Gesundheit wichtig. Aber trotz aller guten Vorsätze führt uns der moderne Alltag doch allzu oft an Fastfoodrestaurants, Imbissbuden, Pizzerien,

Konditoreien usw. vorbei. Auch die meisten Restaurants haben – immer noch – überwiegend Fleischgerichte auf der Karte. Versuchen Sie, diese Genüsse nicht zur normalen Alltagskost werden zu lassen.
Alle Gemüse- und Obstsorten, Vollkornbrot in allen Variationen, Milchprodukte in ihrer ganzen Vielfalt, etwas Fisch und gelegentlich Fleisch sind überall erhältlich, schnell – aber nur, wenn es sein muss – und bequem zu verzehren. Als Getränke sind Mineralwasser und Tee einfach ideal. Damit sind Sie, was Ihre gesunde Ernährung angeht, auch ohne großen Aufwand immer auf der richtigen Seite. Mit einer guten Basiskost schadet Ihnen dann auch ab und zu ein Schnellimbiss nicht so sehr.

Häufig sind PMS-Patientinnen mit Vitamin B6 und Magnesium unterversorgt. Planen Sie daher reichlich grünes Gemüse und Vollkornprodukte in Ihren Speiseplan ein.

Bewegung und gute Laune

Haben Sie genug Bewegung? Sie ist nämlich für Ihr Wohlbefinden enorm wichtig und hält fit. Vielleicht können Sie regelmäßig schwimmen, Fahrrad fahren, wandern usw. Das tut gut und lässt so manches Alltagsproblem leichter werden. Auch die Macht der Gedanken kann Ihre Beschwerden lindern:

Wie wär's mit einer schönen Wanderung? So manches Alltagsproblem sieht danach ganz anders aus.

Atmen Sie tief durch, schließen Sie die Augen und genießen Sie einen Moment lang die Vorstellung, über eine bunte Blumenwiese im warmen Sommerwind zu laufen – Mit solchen oder ähnlichen Gedanken und Bildern können Sie Ihre Stimmung deutlich heben. Erinnern Sie sich: Was hat Ihnen in letzter Zeit Freude gemacht und woran denken Sie gern? Versuchen Sie die trübe Stimmung zu überlisten, denn sie ist für nichts gut und hilft keinem.

Schmerzen während der Wechseljahre

Die Wechseljahre können für Frauen eine Reihe von Beschwerden mit sich bringen. Immerhin muss der Körper mit einer erheblichen Umstellung fertig werden. Außerdem hat er in Ihrem Leben auch schon viel geleistet und Sie ein gutes Stück des Weges begleitet.

Wechseljahrebeschwerden lassen sich heute recht gut behandeln. Sprechen Sie am besten mit Ihrem Arzt darüber. Die allgemein bekannten Erscheinungen sind Hitzewallungen, Schlafstörungen und Stimmungsschwankungen bis hin zu Depressionen. Aber auch Kopfschmerzen, rheumatische Schmerzen, Rückenschmerzen, Beinbeschwerden usw. können sich vermehrt einstellen. Vielleicht denken Sie in diesem Zusammenhang gar nicht an Ihre Wechseljahre. Wenn Sie aber wissen, was der Grund für die Beschwerden ist, sind Sie schon ein ganzes Stück weiter.

In den Wechseljahren findet bei den meisten Frauen eine Neuorientierung statt.

Sicher müssen Sie sich in diesem Lebensabschnitt in mancher Hinsicht neu orientieren. Lassen Sie die Schmerzen nicht zum Dirigenten Ihres Lebens werden. Halten Sie den Taktstock in der Hand und bleiben Sie in Schwung. Sehen Sie die Wechseljahre auch als eine Herausforderung an, mit der Sie auf jeden Fall fertig werden, so wie Sie bisher mit vielen anderen Dingen und Umständen in Ihrem Leben in der Regel zurechtgekommen sind.

Hilfe aus der Natur

Zum Glück hat sich die moderne Medizin und auch die Gesellschaft so weit geändert, dass sowohl mit dem PMS als auch mit den Wechseljahrebeschwerden offener umgegangen wird. Damit wurden auch die Bemühungen in Bewegung gesetzt, sich über hilfreiche Maßnahmen und lindernde Medikamente verstärkt Gedanken zu machen.

Vielen Frauen hilft eine Hormonsubstitution, die vermutlich auch der Osteoporose vorbeugt. Unterstützend wirken Ernährung und Lebensweise. Sorgen Sie für viel Bewegung an der frischen Luft. Homöopathische Mittel können wirksam sein und auch mit Akupunktur sind bestimmte Beschwerden zu mildern. Bei depressiven Verstimmungen hilft die Lichttherapie, die auch durch pflanzliche Arzneimittel wie Johanniskraut unterstützt werden kann. Sollte wirklich ein Antidepressivum notwendig sein und Ihr Arzt dazu raten, dann ist dies zumindest für einen gewissen Zeitraum sicher sinnvoll. Versuchen Sie jedoch, aus depressiven Phasen möglichst schnell wieder herauszukommen.

Wenn Sie merken, dass Sie ohne Arzneimittel keine Verbesserung Ihrer PMS-Beschwerden erreichen können, sollten Sie mit Ihrem Arzt über medikamentöse Möglichkeiten sprechen. Manchmal sind auch homöopathische Mittel oder pflanzliche Arzneien hilfreich.

Bei depressiven Stimmungslagen haben sich pflanzliche Arzneimittel, z. B. Johanniskraut, bewährt.

Männertypische Schmerzen und Beschwerden

Die Mehrheit der von einer Entzündung der Prostata betroffenen Männer ist über 50 Jahre alt, doch auch in jungen Jahren ist man nicht davor sicher.

Männertypische Schmerzen und Beschwerden haben häufig mit der Prostata, der Vorsteherdrüse, zu tun. Sie kann sich bei Männern jeden Alters entzünden. Eine Vergrößerung der Prostata ist dagegen in jungen Jahren eher selten, meist sind Männer über 50 davon betroffen. Beiden Krankheitsbildern ist jedoch gemein, dass sie erhebliche Probleme mit sich bringen und baldmöglichst behandelt werden sollten.

Prostataschmerzen

Die Prostata oder Vorsteherdrüse, eine kastaniengroße Geschlechtsdrüse unter der männlichen Blase, verursacht nicht nur bei älteren Männern Schmerzen und Probleme. Entzündungen sind auch bei jüngeren Männern möglich. Im Falle einer Prostataentzündung sind Wasserlassen und Stuhlgang schmerzhaft. Nicht selten kommt es dadurch zum so genannten Harnverhalt. Die Blase kann sich nicht mehr richtig entleeren und schmerzt.

Erste Anzeichen für eine Prostataentzündung sind Schmerzen und Druckempfindlichkeit der Vorsteherdrüse selbst sowie ausstrahlende Schmerzen in der Kreuzbeingegend. Die Prostataenzündung verursacht ein häufiges Bedürfnis, zur Toilette zu gehen, eine Prozedur, die mit brennenden Schmerzen in der Harnröhre verbunden ist. Derartige Entzündungen können durch bakterielle Infektionen nach sexueller Übertragung hervorgerufen werden. Als Ursache werden mittlerweile aber auch psychische Probleme vermutet. Eine Prostataentzündung darf nicht unbehandelt bleiben. Sie kann sonst in ein chronisches Stadium übergehen und ständige Schmerzen verursachen. Gehen Sie möglichst bald zu einem Urologen, wenn die Schmerzen und Beschwerden anhalten oder sich sehr häufig wiederholen.

Medikamente und Naturheilmittel

Zur Behandlung der Prostataentzündung eignen sich einfache Schmerzmittel mit entzündungshemmender Wirkung. Der Einsatz von Antibiotika ist nur dann sinnvoll, wenn Ihr Arzt eine bakterielle Infektion festgestellt hat. Er wird Ihnen dann auf jeden Fall zu einer Antibiotikabehandlung raten.
Warme Sitzbäder mit Pflanzenextrakten aus Eichenrinde lindern eventuell die Beschwerden. Auch eine sanfte Wärmetherapie kann helfen.
Pflanzliche Arzneimittel können, wenn sie z. B. als Tee angewendet werden, einen günstigen Einfluss haben. Sie spülen die Harnwege und wirken der Entzündung entgegen.

Sie können einiges tun, um Prostataentzündungen zu vermeiden: Sie brauchen vor allem viel Bewegung, Wärme und Trinkflüssigkeit und außerdem sollten Sie auf Hygiene achten.

Wann ist eine Operation nötig?

Das fortgeschrittene Stadium einer Prostataentzündung macht manchmal eine Operation notwendig, etwa wenn sich Abszesse oder Fisteln gebildet haben, die die vollständige Entleerung der Harnblase verhindern. Dieser Restharn bleibt sonst ein ständiger Entzündungsherd. Eventuell wird ein Teil der Drüse oder die ganze Prostata operativ entfernt, damit der Urin wieder leichter passieren kann. Gelegentlich können dadurch jedoch Ejakulationsstörungen entstehen.

EIGENINITIATIVE BEI PROSTATAENTZÜNDUNG

- Sorgen Sie für gute Durchblutung, am besten durch viel Bewegung.
- Ziehen Sie sich warm genug an. Frieren und Unterkühlung begünstigen Infektionen.
- Trinken Sie ausreichend.
- Schützen Sie sich vor Krankheitserregern, z. B. durch Kondome.
- Achten Sie besonders auf Sauberkeit und Hygiene.

Bereits bei den ersten Anzeichen und Schmerzen einer Prostatavergrößerung sollten Sie zum Urologen gehen. Er wird das Stadium der Vergrößerung feststellen und Ihnen zu einer wirksamen Behandlung raten. Er wird Ihnen auch sagen, ob und wann ein operativer Eingriff notwendig ist.

Vergrößerung der Prostata

Im fortgeschrittenen Lebensalter, etwa ab dem 50. Lebenjahr, vergrößert sich bei vielen Männern die Prostata. Das Wachstum der Drüse verläuft über Monate hinweg unbemerkt, erst wenn sich durch das Wuchern des Prostatagewebes die Harnröhre verengt, macht sich die Erkrankung mit heftigen Beschwerden bemerkbar. Diese so genannte Prostatahyperplasie geht mit Schmerzen und vermehrtem Harndrang einher, wobei aber meist nur wenig Urin ausgeschieden wird. Unangenehm sind nächtlicher Harndrang, Brennen und Schmerzen beim Wasserlassen. Bisweilen gehen auch unbemerkt ein paar Tropfen Urin ab, was verständlicherweise als peinlich und verunsichernd empfunden wird. Die genauen Ursachen der Prostatavergrößerung sind noch nicht bekannt. Vermutlich sind, ähnlich wie bei Frauen in vergleichbarem Alter, altersbedingte und hormonelle Veränderungen der Anlass.

Vorsorge ist der beste Schutz

Vorbeugende Maßnahmen gibt es nach heutigem Kenntnisstand nicht. Eine gewisse Vorsorge können Sie aber treffen, indem Sie sich regelmäßig untersuchen lassen. Nur so kann frühzeitig eine Vergrößerung festgestellt und behandelt werden, noch bevor es zu den schmerzhaften Beschwerden kommt.

Ergibt die Untersuchung jedoch, dass die Drüse bereits vergrößert ist, werden zur Behandlung meist Hormone eingesetzt, die allerdings die Libido und Potenz beeinflussen können. Auch ein operativer Eingriff ist denkbar.

Wenn Nieren, Blase und Harnwege schmerzen

Der Harntrakt besteht aus zwei Nieren, zwei Harnleitern, der Harnblase und der Harnröhre. Er filtert das Blut und entfernt überschüssiges Wasser und Abfallprodukte aus dem Körper.

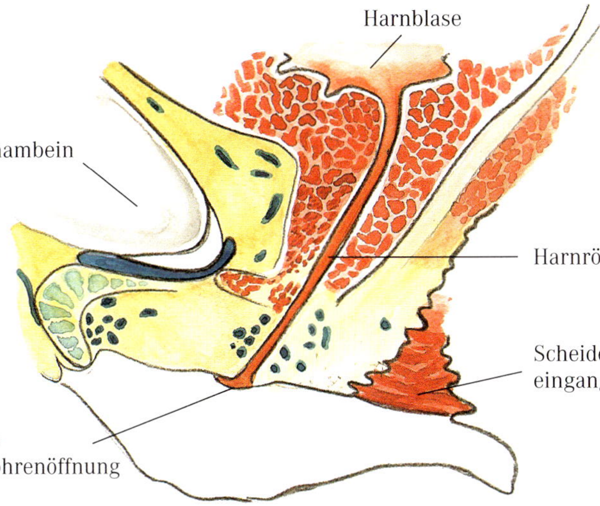

Die weibliche Harnröhre ist relativ kurz (3–5 cm). Frauen leiden daher häufiger als Männer an Blaseninfekten; Krankheitskeime können leichter in die Blase gelangen.

Störungen im Harntrakt sind häufig, denn er ist für Infektionen sehr anfällig.

Blasen- und Harnröhrenentzündung

Eine Blasen- oder Harnröhrenentzündung hat gewöhnlich eine bakterielle Infektion zur Ursache. Frauen leiden häufiger darunter, da deren Harnröhre kürzer ist und die Bakterien, die oft aus der Vagina oder dem After stammen, leichter von der Harnröhre in die Blase gelangen. Die Entzündung bringt allgemeines Unwohlsein mit sich. Der oder die Betroffene wird von häufigem Harndrang gequält und der Gang zur Toilette wird zu einer sehr schmerzenden und unangenehmen Angelegenheit. Insbesondere am Ende des Wasserlassens sind die brennenden Schmerzen sehr stark.

Auslöser sind in der Regel Bakterien. Diese können eine Infektion jedoch nur dann auslösen, wenn die natürlichen Abwehrmechanismen von Harnröhre oder Blase geschwächt sind. Eine Behandlung mit Antibiotika kann die Erreger beseitigen.

Auf die Symptome achten

Neben Bakterien können auch Viren oder Pilze diese Erscheinungen auslösen. Auch Steine in den Nieren und ableitenden Harnwegen bringen erhebliche Schmerzen mit sich und könn-

FRAGEN UND ANTWORTEN

Stress, Ärger und starke seelische Belastung begünstigen Infektionen. Versuchen Sie, selbst einmal nach Fragen und Antworten zu suchen. Wenn Sie nicht weiterkommen, aber dennoch spüren, dass hier eine Ursache liegen könnte, kann Ihnen ein Gespräch mit einem Psychologen vielleicht die Lösung bringen.

Nehmen Sie sich ein wenig Zeit und hören Sie in sich hinein, was Ihre Blase wohl stören könnte. Vielleicht gibt es einen bestimmten Störfaktor, Situationen, Menschen, Tätigkeiten, die Sie ablehnen oder mit denen Sie in einem Konflikt stehen. Was übt momentan Druck auf Sie aus? Warum wirkt dieser Druck so auf Sie? Sehen Sie eine Möglichkeit, von diesem Druck Abstand zu nehmen? Wie sieht dieser Druck aus? Welche Gestalt besitzt er? Was will er von Ihnen? Erkennen Sie vielleicht selbst eine positive Absicht hinter diesen Beschwerden, ein Warnsignal?

Sie spüren eine Erkrankung der Blase oder Harnwege, wenn Sie beim Wasserlassen Schmerzen spüren oder einfach übermäßig oft zur Toilette müssen.

ten daher mit einer Blasenentzündung verwechselt werden. Der Arzt muss die genaue Ursache abklären, damit die Behandlung Erfolg hat. Achten Sie deshalb auf Ihre eigenen Symptome. Wenn Sie Schmerzen beim Wasserlassen haben, häufig zur Toilette müssen, von einem brennenden Gefühl geplagt werden und die Schmerzen Ihnen auch nachts die Ruhe rauben, spricht dies eindeutig für eine Erkrankung der Blase bzw. der Harnwege.

Wärme als oberstes Gebot

Halten Sie Ihre Nieren- und Blasengegend warm und achten Sie darauf, keine kalten Füße zu bekommen. Warme Strümpfe und geeignete Schuhe sind gerade im Winter für Ihr Wohlbefinden unerlässlich. Wenn Sie ständig frieren, kann die Blasen- und Harnwegsentzündung chronisch werden – mit allen unangenehmen Begleiterscheinungen, z. B. ständigem Krankheitsgefühl, häufigem »Müssen« sowie Rückenschmerzen. Nehmen Sie deshalb gerade im Winter oder wenn Sie frösteln öfter ein warmes Bad mit Kamillenzusatz und trinken Sie reichlich Blasen- und Nierentee.

Es ist ratsam, im Winter regelmäßig Kamillenbäder zu machen und geeignete Tees einzunehmen.

Nierenentzündung und Harnsteine

Weit ausstrahlende Rückenschmerzen können von den Nieren ausgehen. Eine Nierenbeckenentzündung kann die Ursache der starken Schmerzen sein. Lassen Sie diese Beschwerden von Ihem Arzt unbedingt abklären und behandeln.

Die in der Fachsprache mit Pyelonephritis bezeichnete Erkrankung der oberen Harnwege wird durch Bakterien hervorgerufen und ist eine der häufigsten Nierenerkrankungen, unter der zwei- bis dreimal mehr Frauen als Männer leiden. Besonders anfällig sind Frauen in der Schwangerschaft oder zuckerkranke Menschen (Diabetes mellitus). Bei übermäßiger Einnahme von peripher wirkenden Schmerzmitteln (siehe Seite 33 ff.) können die Nieren erheblich geschädigt werden und es kommt zur chronischen Nierenbeckenentzündung. Die Anzeichen der akuten Erkrankung sind starke, ausstrahlende Schmerzen im Rücken, einhergehend mit Fieber, Übelkeit, Müdigkeit, Durstgefühl, Problemen beim Wasserlassen und teilweise auch Durchfall. Die chronische Form der Nierenbeckenentzündung bringt ein allgemeines aber unklares Krankheitsgefühl mit sich. Auch Appetitlosigkeit, Kopfschmerzen, blasse Gesichtsfarbe, andauerndes Durstgefühl, leicht erhöhte Temperatur und häufiger Harndrang sind typische Anzeichen, die Sie beachten sollten. Die Nierenbeckenentzündung ist heute mit Antibiotika meistens gut und erfolgreich zu behandeln. Ihr Arzt wird Ihnen ein geeignetes Medikament verschreiben und Ihnen auch sagen

wie häufig und über welchen Zeitraum Sie es einnehmen sollten. Wichtig ist, dass Sie begleitend zu medikamentösen Behandlung sehr viel Tee und Mineralwasser trinken.
Wenn die Rückenschmerzen besonders ausgeprägt sind und kolikartig mit Übelkeit und Erbrechen einhergehen, sind Harnsteine als Übeltäter zu vermuten. Zögern Sie in diesem Fall nicht lange, bis Sie zum Arzt gehen. Schmerzmittel werden Ihnen zwar über den akuten Schmerz hinweghelfen, die Harnsteine müssen aber entfernt werden.

Operation, Narkose – und was kommt danach?

Die moderne Operationsmedizin und Anästhesie garantieren heute optimale Behandlungsformen für die meisten Krankheiten. Angst und Sorgen vor bevorstehenden operativen Eingriffen sind kaum mehr begründet.

Mit der Entdeckung der Äthernarkose im vergangenen Jahrhundert hat sich die operative Medizin erst richtig entwickeln können. Erstmals wurde die narkotisierende Wirkung des Ätherrausches im Oktober 1846 in Boston (USA) demonstriert. Die Weiterentwicklung der Narkoseverfahren ermöglicht heute fast jeden chirurgischen Eingriff. Für viele Patienten, deren Erkrankungen nur durch Operation zu beheben sind, sind die modernen Narkosemethoden ein wahrer Segen. Kaum vorstellbar sind für uns heutzutage Operationen ohne Betäubung. Bis vor etwa 150 Jahren war dies aber normal, und der Gang in einen Operationssaal kam dem in einer Folterkammer gleich. Komplizierte oder langwierige Operationen konnten in früherer Zeit gar nicht durchgeführt werden. Die Kunst lag in der Geschwindigkeit, in der der Arzt den Eingriff durchführen konnte. All dies gehört aber – zum Glück – der Vergangenheit an. Die meisten Patienten erleben heute ihre Operation weitgehend schmerzlos und risikofrei.

Ängste und Befürchtungen

Narkosemittel werden in aller Regel sehr gut vertragen. Selbst Neugeborene und auch Menschen im hohen Lebensalter kön-

nen ohne erhebliches Risiko operiert werden. Dennoch sind gewisse Ängste der Patienten vor der Narkose geblieben, die bisweilen stärker sind als die vor dem eigentlichen chirurgischen Eingriff. Besonders das Gefühl der absoluten Wehrlosigkeit und auch das Empfinden dem Narkosearzt und dem Chirurgen ausgeliefert zu sein, macht verständlicherweise Angst.
Das Narkoserisiko liegt bei 1:25.000. Dies bedeutet, dass unter 25.000 Eingriffen, bei denen eine Narkose erforderlich ist, eine einzige Komplikation auftritt. Wenn Patienten besondere Risiken tragen, die eine Narkose erschweren, gibt es auch dann immer noch Lösungsmöglichkeiten. So können zum Beispiel Teilnarkosen vorgenommen werden. Auch die Auswahl der Medikamente wird auf den jeweiligen Patienten abgestimmt. Insofern ist eine Narkose immer individuell und jeder Narkosearzt (Anästhesist) bespricht vorher ganz genau den Eingriff und die Narkose. Trotz moderner Technik und hochwirksamen Medikamenten ist aber das Vertrauen zum Arzt die Basis einer gelungenen Narkose.

Teufelskreis Schmerz

Sicher ist es sinnvoll, vor schweren Operationen mit dem Arzt über mögliche Folgeschmerzen und deren Vermeidung zu sprechen. Schmerzen schwächen das Immunsystem, dadurch wird die Anfälligkeit für Infektionen größer. Ebenso erhöhen sie den Blutdruck und fördern so die Thrombosegefahr. Aber auch die Psyche spielt mit: Die Angst vor Schmerzen erzeugt Verspannungen. Diese begünstigen weitere Beschwerden, die wiederum die Angst fördern – das Karussell dreht sich ewig im Kreis. Es gibt jedoch sehr wirkungsvolle Medikamente, die nach einer Operation für Schmerzlinderung oder Schmerzfreiheit sorgen. So kann für Sie die Zeit nach dem Eingriff entspannt, ohne Angst, Stress und Schlaflosigkeit verlaufen und Sie werden sich schnell erholen.

Ganz wichtig ist es, die Angst vor den Schmerzen, die nach einer Operation auftreten können, abzubauen.

Medizinische Fachausdrücke

In diesem Buch finden Sie nur sehr wenige medizinische Fachausdrücke. Sie werden aber sicherlich im Zusammenhang mit Ihren Schmerzen bzw. Ihrer schmerzhaften Erkrankung vielfach mit der Fachsprache konfontriert.
Im Folgenden finden Sie daher Erläuterungen zu den wesentlichen Fachbegriffen, die möglicherweise schon jetzt einige Fragezeichen auflösen.

Allodynie
Sehr hohe Schmerzempfindlichkeit; ein normalerweise nicht schmerzhafter Reiz, z. B. Berührung oder Durchzug, verursacht bereits Schmerzen.

Bei jeder größeren Operation benötigt man einen Anästhesiearzt, der die Narkotisierung oder Betäubung vornimmt und überwacht.

Anästhesie
Medikamentöse Betäubung; kein Gefühlsempfinden – Taubheitsgefühl in dem betäubten Körperteil –, kein Empfinden für Schmerz, Berührung und Temperatur.

Analgesie
Kein Schmerzempfinden bei einem normalerweise schmerzhaften Reiz.

Analgetikum
Schmerzmittel das im peripheren Nervensystem wirkt. Es setzt die Schmerzempfindlichkeit der Nervenenden herab, sodass keine Schmerzimpulse mehr an das Gehirn gesendet werden.

Azetylsalizylsäure (ASS)
Ein Analgetikum das vor allem bei der Schmerzbekämpfung eine wichtige Rolle spielt; die Einsatzbereiche sind vielfältig.

Chronische Schmerzen
Schmerzen, die auch dann noch anhalten, wenn die Zeit des normalen Heilungsprozesses einer Krankheit schon verstrichen ist.

Chronifizierung
Eine Erkrankung oder ein Schmerz besteht dauerhaft.

Deafferentierungsschmerz
Schmerzen, die nach Durchtrennung einer Nervenverbindung zum zentralen Nervensystem entstehen.

Dysästhesie
Eine Schmerzform, die als eine sehr unangenehme, unnormale Empfindung beschrieben wird. Sie kann spontan einsetzen oder durch äußere Einflüsse ausgelöst werden.

Hypästhesie
Die Empfindlichkeit gegenüber schmerzauslösenden äußeren Einflüssen ist vermindert. Das Schmerzempfinden ist geringer.

Hyperpathie nennt man eine Schmerzempfindlichkeit, bei der der Schmerz übermäßig heftig und lange anhaltend ist.

Hypalgesie
Die Reaktion auf schmerzauslösende Einflüsse ist verzögert oder vermindert.

Hyperästhesie
Hohe Empfindlichkeit auf äußere Einflüsse, die jedoch normalerweise nicht schmerzauslösend sind. Die Empfindlichkeit bezieht sich auch auf Berührungen oder Temperaturreize.

Hyperpathie
Schmerz mit »explosivem Charakter«. Ein Schmerzzustand, der durch eine starke Reaktion auf einen Schmerzreiz entsteht,

insbesondere dann, wenn die Schmerzschwelle hoch ist, d. h., wenn der Schmerzreiz auch entsprechend stark ist.

Kausalgie
Dauerhafter brennender Schmerz, der mit hoher Empfindlichkeit (Allodynie) und einer verstärkten Reaktion auf Schmerzreize (Hyperpathie) verbunden ist.

Neuralgien
Nervenschmerzen, die durch Verletzungen oder Erkrankungen des betroffenen Nervs entstehen.

Neuralgiforme Schmerzen
Wellenartig einschießende elektrisierende Schmerzen.

Neuritis
Entzündung eines Nervs. Sie zeigt sich durch Druckempfindlichkeit und Schmerz entlang der Nervenbahnen.

Lassen Sie sich von den medizinischen Fachbegriffen nicht verunsichern. Scheuen Sie sich nicht, Ihren Arzt gegebenenfalls um eine ausführliche Erläuterung zu bitten.

Neuroleptikum
Schmerzmittel das bei Angst beruhigend und angstlösend wirkt.

Neuropathie
Störung oder krankhafte Veränderungen von Nerven. Ist ein Nerv betroffen, spricht man von der Mononeuropathie. Wenn mehrere Nerven betroffen sind, werden die Schmerzsymptome als Polyneuropathie bezeichnet.

Neuropathischer Schmerz
Schmerzen, die durch Schädigungen oder Funktionsstörungen der peripheren Nerven oder des Zentralnervensystems entstehen.

Nozizeptor

Schmerzfühler an den Nervenenden. Werden sie gereizt, senden sie uns die Warnsignale als Schmerzen in unser Bewusstsein.

Zu den Rezeptoren, den Empfangsorganen der Nerven in der Haut zur Aufnahme von Reizen, zählen die Nozizeptoren, die bei Verletzung gereizt werden und Schmerzempfindungen vermitteln.

Nozizeptiver Schmerz

Schmerzen, die durch eine mechanische Reizung oder durch Hitze und Kälte ausgelöst werden.

Peripheres Nervensystem

Das periphere Nervensystem unterteilt man in das animale und das vegetative oder autonome Nervensystem. Letzteres wird auch Lebensnervensystem genannt, da es für die ordnungsgemäßen Abläufe im Organismus zuständig ist.

Prämenstruelles Syndrom (PMS)

Körperliche und seelische Beschwerden, die vor und während der Periode auftreten können.

Psychogene Schmerzen

Schmerzen, die keine organische Ursache haben oder auf Verletzungen zurückzuführen sind, sondern durch seelische Belastung, Stress, Ärger, Angst usw. ausgelöst werden.

Schmerzen

Unangenehmes Sinnes- und Gefühlserlebnis, das mit einer unmittelbaren Schädigung des Gewebes verbunden ist oder eine Schädigung des Gewebes zur Folge hat.

Schmerzen sagen uns, dass etwas nicht in Ordnung ist. Sie weisen uns darauf hin, dass unser Körper oder gar unsere Psyche, die Seele, beschädigt oder in Gefahr ist.

Zentrales Nervensystem (ZNS)

Es besteht aus dem Gehirn und dem Rückenmark. Im Gehirn liegen u. a. das Seh-, Gehör- und Sprachzentrum. Das Zwischenhirn ist die Zentrale des unwillkürlichen Nervensystems. Im Rückenmark verlaufen alle wichtigen Nervenbahnen.

Adressen

Habe Sie Probleme mit Rheuma? Dann wenden Sie sich an eine Schmerzbewältigungsgruppen, die es in jedem Bundesland gibt. Sie erhalten die Adressen über die Landesverbände der Deutschen Rheuma-Liga.

Deutsche Schmerzliga e. V.
Postfach 100834
60008 Frankfurt
Tel. 0 69/29 98 80 75

Deutsche Schmerzhilfe e. V.
Praxis Dr. Baar
Woldsenweg 20
20249 Hamburg
Tel. 0 40/46 56 46

Deutsche Rheuma-Liga
Bundesverband e. V.
Rheinallee 69
53173 Bonn
Tel. 02 28/95 75 00

Es gibt im Bundesgebiet ca. 600 Arbeitsgemeinschaften von Schmerzbewältigungsgruppen. Bitte wenden Sie sich dazu an den zuständigen Landesverband der Rheuma-Liga. Im Folgenden finden Sie die Telefonnummern:

Baden-Württemberg: 0 72 51/8 30 39
Bayern: 0 89/53 03 89
Berlin: 0 30/8 05 40 16
Brandenburg: 03 55/78 09 70
Bremen: 04 21/1 76 14 29
Hamburg: 0 40/2 00 51 70
Hessen: 0 69/35 74 14
Mecklenburg-Vorpommern: 03 81/70 24 31
und 70 24 64

Niedersachen: 05 11/1 33 74
Nordrhein-Westfalen: 02 11/13 84 60
Rheinland-Pfalz: 06 71/3 53 80
Saarland: 06 81/3 32 71
Sachsen: 03 41/1 21 21 46/47
Sachsen-Anhalt: 04 31/6 17 77
Thüringen: 03 67 42/2 94

Deutsche Gesellschaft zum Studium des Schmerzes e. V.
Im Neuenheimer Feld 326
69120 Heidelberg
Tel. 0 62 21/54 40 51
(Hier bekommen Sie auch Adressen von Ärzten, die auf die Behandlung von Schmerzen spezialisiert sind, ebenso Adressen von Schmerzkliniken und Schmerzambulanzen in Kliniken.)

Wenn Sie sich an die Deutsche Gesellschaft zum Studium des Schmerzes wenden, dann können Sie dort auch Adressen von Schmerzspezialisten in Erfahrung bringen.

Deutsche Migräne- und Kopfschmerz-Gesellschaft
Neimannsweg 147
24105 Kiel
Tel. 04 31/5 97 25 61

Deutsche Schmerzhilfe e. V.
Bundesverband
Sietwende 20
21720 Grünendeich
Tel. 0 41 42/81 04 34

Schmerztherapeutisches Kolloquium e. V.
Roßmarkt 3
60311 Frankfurt am Main
Tel. 0 69/29 98 80 77

In Bonn ist der Hauptsitz zweier wichtiger Verbände beheimatet: Der Bundesverband deutscher Heilpraktiker und die Deutsche Krebshilfe.

Zentralverband der Ärzte für Naturheilverfahren e. V.
Alfredstr. 21
72250 Freudenstadt
Tel. 0 74 41/21 51

Bundesverband deutscher Heilpraktiker
Maarweg 70
53123 Bonn
Tel. 02 28/61 10 49

Deutsche Hospizstiftung
Hohle Eiche 29
44229 Dortmund
Tel. 02 31/7 38 07 30

Deutsche Krebshilfe e. V.
Thomas-Mann-Str. 40
53111 Bonn
Tel. 02 28/72 99 00

Nationale Kontakt- und Informationsstelle zur Anregung und Unterstützung von Selbsthilfegruppen (NAKOS)
Albrecht-Achilles-Str. 65
10709 Berlin
Tel. 0 30/8 91 40 19

Kontaktstelle für Selbsthilfegruppen e. V.
Friedrichstr. 28
35392 Gießen
Tel. 06 41/9 94 56 12

Krebsinformationsdienst
Im Neuenheimer Feld 326
69120 Heidelberg
Tel. 0 62 21/41 01 21

Über die Autorin
Gabriele Henning wurde 1955 in Obernhausen geboren und ist Mutter einer sechsjährigen Tochter. Nach dem Abitur in Duisburg führte sie ihre Ausbildung und ihr beruflicher Weg über Kanada und die Schweiz nach Wuppertal, wo sie heute als Medizin-Journalistin arbeitet. Sie schreibt für ärztliche Fachzeitschriften und medizinische Fachbuchverlage.

Haftungsausschluss
Die Inhalte dieses Buches sind sorgfältig recherchiert und erarbeitet worden. Dennoch kann weder die Autorin noch der Verlag für alle Angaben im Buch eine Haftung übernehmen.

Bildnachweis
Foto Traudel Bühler, Augsburg: 13, 48, 54, 93, 107; Studio A.D. Arnold E. A. Debus, München: 77; Fotografie Manfred Dilling, Eurasburg: 78; Barbara Gandenheimer, Augsburg: 46, 49; Jens Kron, Augsburg: 64, 67, 90; Sven Lockstedt, Augsburg: 96; MEV Verlag GmbH, Augsburg: 16, 45, 57, 86, 105; Bildarchiv Okapia KG, Berlin: 17 (Dan McCoy/Rainbow), 40 (CNRI), 43 (Jeffrey Telner), 52 (Yoav Levy/Phototake), 58 (Carola Koserowsky), 65 (Wolfgang Weinhäupl), 68 (Erich Geduldig/Naturbild), 81 (Carl. W. Röhrig), 86 (Frauke Friedrichs); PhotoPress Bildagentur GmbH, Stockdorf/München: 62 (Gerhard), 101 (Hapf); Kurt Stein, Murnau: 47, 109; Studio für Illustration und Fotografie Sascha Wuillemet, München: 26, 113; ZEFA Zentrale Farbbild Agentur GmbH, Frankfurt: 10 (G. Baden), 11 (Voigt), 15 (The missing picture), 23 (Rosenfeld), 27 (Voigt), 31 (Mednet), 37 (S. Oskar), 50 (H.G. Rossi), 69 (Madison), 71 (Rosenfeld), 74 (Sharpshooters), 80 (Zisch), 87 (Norman), 89 (Jonas), 95 (Eugen), 99 (CPA)

Literatur
Albinus, Margitta/Hempel, Volker: Analgetika und Schmerztherapie. Wissenschaftliche Verlagsgesellschaft. Stuttgart 1988
Alexander, Maximilian/Zoubek, Eugen: Schmerzfrei durch Biomedizin. Neue Naturheilmethoden. ECON/VVA. Düsseldorf 1992
Bachmann, Robert M.: Rheumaschmerzen natürlich behandeln. Hilfe bei Arthritis, Arthrose, Gicht und anderen rheumatischen Erkrankungen. Schmerzbehandlung mit Naturheilmitteln.
Gräfe und Unzer. München 1995
Backhaus, Manfred: Natürlich schmerzfrei. Sanfte Naturheilmethoden für ein Leben ohne Beschwerden. Pabel-Moewig. Rastatt 1996

Impressum

Midena Verlag

Redaktion: Michael Kraft/Monika Held
Bildredaktion: Miriam Zöller
Umschlag: Beatrice Schmucker
Layout: Christine Paxmann, München
Grafik/DTP: satz & repro Grieb, München
Druck und Bindung: Offizin Andersen Nexö, Leipzig
Reproduktion: Repro Ludwig, Zell am See (Österreich)

Gedruckt auf chlorfrei gebleichtem Papier

Printed in Germany

ISBN 3-310-00503-8

Stichwortverzeichnis